Михаил Курушкин

Длиннопериодная таблица Менделеева

AF141915

Михаил Курушкин

Длиннопериодная таблица Менделеева

Естественное отображение периодического закона

LAP LAMBERT Academic Publishing

Impressum / **Выходные данные**

Bibliografische Information der Deutschen Nationalbibliothek: Die Deutsche Nationalbibliothek verzeichnet diese Publikation in der Deutschen Nationalbibliografie; detaillierte bibliografische Daten sind im Internet über http://dnb.d-nb.de abrufbar.

Alle in diesem Buch genannten Marken und Produktnamen unterliegen warenzeichen-, marken- oder patentrechtlichem Schutz bzw. sind Warenzeichen oder eingetragene Warenzeichen der jeweiligen Inhaber. Die Wiedergabe von Marken, Produktnamen, Gebrauchsnamen, Handelsnamen, Warenbezeichnungen u.s.w. in diesem Werk berechtigt auch ohne besondere Kennzeichnung nicht zu der Annahme, dass solche Namen im Sinne der Warenzeichen- und Markenschutzgesetzgebung als frei zu betrachten wären und daher von jedermann benutzt werden dürften.

Библиографическая информация, изданная Немецкой Национальной Библиотекой. Немецкая Национальная Библиотека включает данную публикацию в Немецкий Книжный Каталог; с подробными библиографическими данными можно ознакомиться в Интернете по адресу http://dnb.d-nb.de.

Любые названия марок и брендов, упомянутые в этой книге, принадлежат торговой марке, бренду или запатентованы и являются брендами соответствующих правообладателей. Использование названий брендов, названий товаров, торговых марок, описаний товаров, общих имён, и т.д. даже без точного упоминания в этой работе не является основанием того, что данные названия можно считать незарегистрированными под каким-либо брендом и не защищены законом о брендах и их можно использовать всем без ограничений.

Coverbild / Изображение на обложке предоставлено: www.ingimage.com

Verlag / Издатель:
LAP LAMBERT Academic Publishing
ist ein Imprint der / является торговой маркой
OmniScriptum GmbH & Co. KG
Heinrich-Böcking-Str. 6-8, 66121 Saarbrücken, Deutschland / Германия
Email / электронная почта: info@lap-publishing.com

Herstellung: siehe letzte Seite /
Напечатано: см. последнюю страницу
ISBN: 978-3-659-57724-6

Copyright / АВТОРСКОЕ ПРАВО © 2014 OmniScriptum GmbH & Co. KG
Alle Rechte vorbehalten. / Все права защищены. Saarbrücken 2014

Благодарности

В первую очередь я выражаю бесконечную благодарность своему первому учителю химии Сергею Леонидовичу Королеву. Сергей Леонидович заинтересовал меня химией и блестяще подготовил к экзамену по химии в конце девятого класса. Если бы не удивительная встреча с Сергеем Леонидовичем, все сложилось бы иначе, и эта книга не увидела бы свет.

Отдельную благодарность я выражаю своему преподавателю химии Ирине Михайловне Вилежаниновой. Ирина Михайловна вывела мои знания на качественно новый уровень, и на втором курсе химия уже прочно и бесповоротно вошла в мою жизнь. Благодаря Ирине Михайловне я стал задумываться над теми вопросами, ответы на которые и превратились в эту книгу. Сейчас я горжусь тем, что мы с Ириной Михайловной работаем на одной кафедре.

Особую благодарность я выражаю своим замечательным студентам. Их живой и неподдельный интерес к моей методике преподавания химии и жажда знаний восхищают меня и трогают до глубины души. Мои студенты научили меня работать лучше. Если бы не их благодарный отклик, читатель бы не держал эту книгу в руках.

Автор

Содержание

Введение

Появление данной книги на свет явилось результатом многолетних размышлений над проблемами, связанными с восприятием таблицы Менделеева и строения атома учащимися средних и высших учебных заведений. Что обуславливает внешний вид таблицы Менделеева? Откуда берутся подгруппы, и почему некоторые из них содержат по три элемента, тогда как другие – только один? Почему лантаноиды и актиноиды вынесены из таблицы? Почему приходится заучивать максимальное число электронов на уровнях? Все эти вопросы вызывают затруднения и не дают покоя, но для большинства так и остаются без ответа.

Настоящая книга призвана доказать, что таблица Менделеева необходима не только для того, чтобы узнавать порядковый номер химического элемента или его атомную массу (для этого вполне достаточно справочника). Будет наглядно объяснено, как быстро и безошибочно записать электронную конфигурацию атома любого из ста восемнадцати химических элементов, не используя ничего, кроме таблицы Менделеева.

Доступность и логика повествования являются основными преимуществами книги, написанной в форме диалога с читателем. Теоретический материал представлен в объеме, достаточном для достижения поставленной цели – умения полноценно использовать таблицу Менделеева.

Перед вами путеводитель по таблице Менделеева. Я надеюсь, он будет полезен и интересен многим школьникам, студентам, аспирантам и преподавателям, вставшим на увлекательный путь химии.

Автор

1. Периодическая система химических элементов

1.1. Атом

Атом – наименьшая часть химического элемента, способная к самостоятельному существованию и являющаяся носителем его свойств.

В основе атома – *положительно заряженное ядро*. Положительный заряд ядра обеспечивают положительно заряженные элементарные частицы – *протоны*. Ядро состоит из протонов и *нейтронов*, имеющих общее название *нуклоны*. Нейтральный заряд атома обеспечивают *электроны*.

Протон – элементарная частица, имеющая электрический заряд +1 (в единицах элементарного электрического заряда[1]) и массу ~1 (в атомных единицах массы[2]):

$$_{+1}^{1}\text{p}$$

Нейтрон – элементарная частица, имеющая электрический заряд 0 и массу ~1 а.е.м.:

$$_{0}^{1}\text{n}$$

Электрон – элементарная частица, имеющая электрический заряд –1 и массу ~0 а.е.м.:

$$_{-1}^{0}\bar{\text{e}}$$

Поскольку число электронов в атоме равно числу протонов в ядре, атом электрически нейтрален.

Современное представление о поведении электрона имеет вероятностную природу. Считается, что положение электронов в атоме известно с

---

[1] Элементарный электрический заряд – системная единица заряда, равная $1.602176565\times10^{-19}$ Кл.

[2] Атомная единица массы (а.е.м.), *дальтон* – внесистемная единица массы, равная 1.6605402×10^{-24} г.

определенной вероятностью. Атом состоит из положительно заряженного ядра и отрицательно заряженного *электронного облака* (ЭО).

Электронное облако – геометрический образ, описывающий плотность вероятности нахождения электрона в атоме.

На рис. 1 изображен атом гелия. Ядро атома имеет размер порядка 1 фм (1 фемтометр = 10^{-15} метра), атом имеет размер порядка 1 Å (1 ангстрем = 10^{-10} м).

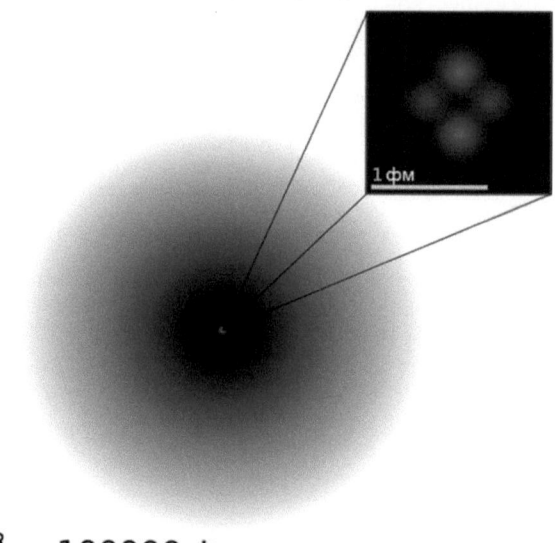

1 Å = 100000 фм

Рис. 1. Атом гелия

Вероятность нахождения электрона в атоме убывает по мере удаления от ядра, что проиллюстрировано на рис. 1 с помощью градиентной заливки.

Зачем ядру нужны нейтроны?

Сильное внутриядерное взаимодействие нуклонов превосходит (до определенного радиуса взаимодействия) электрослабое взаимодействие протонов, выражающееся в их взаимном отталкивании, поэтому ядро устойчиво.

1.2. Химический элемент

Химический элемент – совокупность всех атомов, характеризующихся одинаковым положительным зарядом ядра.

В более широком смысле химический элемент является совокупностью всех *атомных ядер*, характеризующихся одинаковым положительным зарядом, поскольку электроны (как их число, так и в принципе наличие) не определяют химический элемент.

Какую информацию несет клетка периодической системы?

Символ химического элемента – условное обозначение химического элемента латинскими буквами (буквой).

Атомная масса (относительная атомная масса) (A_r) – масса атома химического элемента, выраженная в а.е.м. Атомная масса приближенно[3] равна *массовому числу* атома (A). Массовое число атома равно суммарному числу протонов и нейтронов в ядре.

Порядковый номер химического элемента (N) численно равен заряду ядра атома (Z).

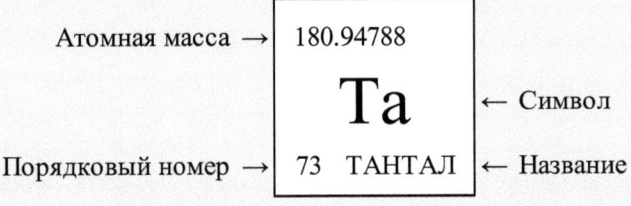

Символы химических элементов были введены шведским химиком Йенсом Якобом Берцелиусом в 1814 г. и сохранились до наших дней [1]. В качестве символов химических элементов Берцелиус принял начальные буквы латинских названий элементарных веществ, например: S – Sulphur, Si –

---

[3] Дефект масс не учитывается.

Silicium, Sb – Stibium, Sn – Stannum, C – Carbonicum, Co – Cobaltum, Cu – Cuprum, O – Oxygenium и т.д.

Названия химических элементов утверждаются Международным союзом теоретической и прикладной химии (IUPAC). На данный момент из 118 химических элементов, существование которых подтверждено, 114 имеют названия.

1.3. Изотопы химического элемента

Изотопы химического элемента – разновидности атомов данного химического элемента с различным числом нейтронов в ядре.

Чтобы различать между собой изотопы данного химического элемента, необходимо указывать их массовое число:

$$^{12}_{6}\text{C} \qquad \text{изотоп углерода–12}$$

$$^{13}_{6}\text{C} \qquad \text{изотоп углерода–13}$$

Некоторые изотопы имеют собственные названия:

$$^{1}_{1}\text{H} \qquad \text{изотоп водорода–1, } \textit{протий}$$

$$^{2}_{1}\text{H} \qquad \text{изотоп водорода–1, } \textit{дейтерий}$$

$$^{3}_{1}\text{H} \qquad \text{изотоп водорода–1, } \textit{тритий}$$

Некоторые изотопы даже имеют свои собственные символы: D – дейтерий, T – тритий.

Явление существования изотопов химического элемента приводит к возникновению понятия *изотопный состав химического элемента*.

Изотопный состав химического элемента – соотношение, в котором разновидности атомов данного химического элемента встречаются в природе.

Изотопный состав химического элемента может быть выражен в долях единицы или процентах. Удобным способом изображения изотопного состава является круговая диаграмма (рис. 2). Соотношение площадей секторов круговой диаграммы отвечает изотопному составу, напротив каждого сектора указано соответствующее массовое число изотопа химического элемента [2].

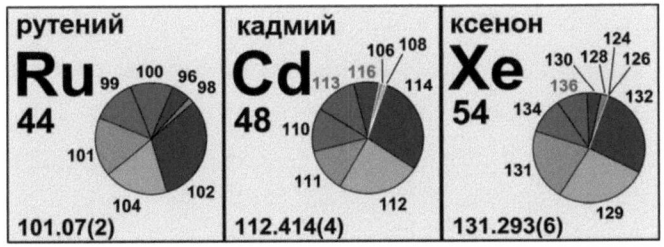

Рис. 2. Изотопный состав рутения, кадмия и ксенона

Некоторые химические элементы представлены в природе единственным изотопом (рис. 3).

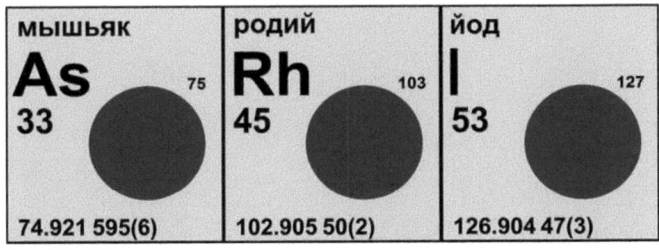

Рис. 3. Изотопный состав мышьяка, родия и йода

Изотопный состав химического элемента может варьироваться в зависимости от изучаемой области планеты.

Какой из изотопов химического элемента помещают в клетку периодической системы?

Поскольку большинство химических элементов имеют более одного изотопа, в клетке периодической системы приводится наиболее распространенный или наиболее стабильный изотоп.

1.4. Распространенность химических элементов

В предыдущем пункте речь шла о том, в каком соотношении в природе представлены изотопы химических элементов, теперь речь пойдет о том, в каком соотношении представлены сами химические элементы.

Наиболее распространены в природе три элемента: водород ($_1$H), углерод ($_6$C) и кислород ($_8$O), являющиеся неметаллами. Наиболее распространенными металлами являются натрий ($_{11}$Na), магний ($_{12}$Mg), алюминий ($_{13}$Al), калий ($_{19}$K), кальций ($_{20}$Ca) и железо ($_{26}$Fe). На рис. 4 соотношение площадей с символами химических элементов отвечает их относительной распространенности в природе [3].

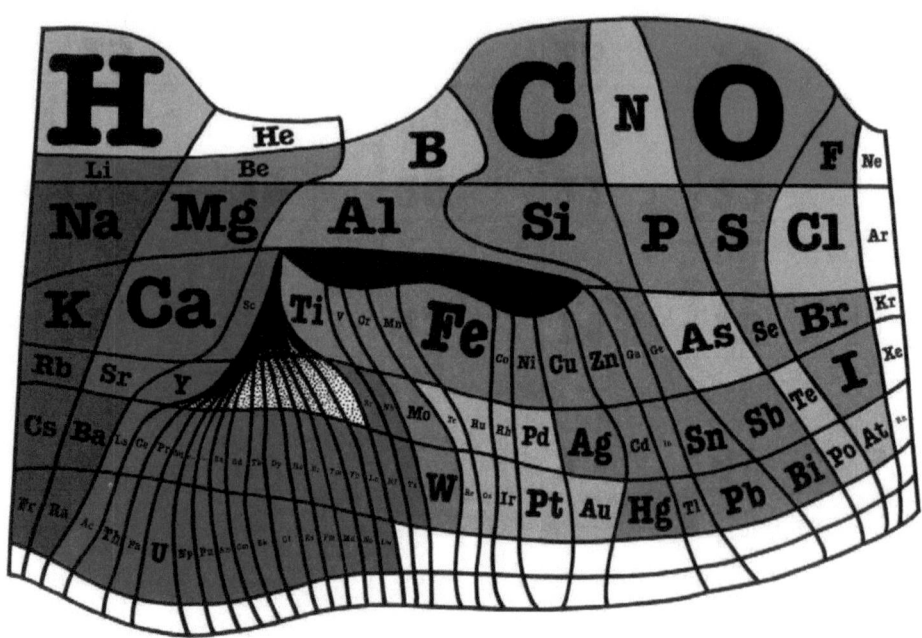

Рис. 4. Относительная распространенность химических элементов

Из рис. 4 видно, что в природе в основном распространены химические элементы до железа включительно. О распространенности химических элементов можно говорить как в целом в природе, так и в каждой из геосфер в отдельности.

1.5. Внешний вид периодической системы

С позиции современных научных представлений о периодическом законе рассмотрим алгоритм отображения периодической системы. Уже 100 лет назад выдающийся английский физик Генри Мозли доказал, что химические элементы необходимо располагать в порядке возрастания порядкового номера, а не массы атома, как считалось до того момента. Если расположить химические элементы в горизонтальную последовательность в порядке возрастания зарядов ядер соответствующих им атомов, а аналогичные по электронному строению химические элементы – в вертикальные последовательности, периодическая система примет следующий вид (рис. 5):

	1	2	3	4	5	6	7	8	9	10	11	12	13	14	15	16	17	18	19	20	21	22	23	24	25	26	27	28	29	30	31	32
1	H	He																														
2	Li	Be																									B	C	N	O	F	Ne
3	Na	Mg																									Al	Si	P	S	Cl	Ar
4	K	Ca															Sc	Ti	V	Cr	Mn	Fe	Co	Ni	Cu	Zn	Ga	Ge	As	Se	Br	Kr
5	Rb	Sr															Y	Zr	Nb	Mo	Tc	Ru	Rh	Pd	Ag	Cd	In	Sn	Sb	Te	I	Xe
6	Cs	Ba	La	Ce	Pr	Nd	Pm	Sm	Eu	Gd	Tb	Dy	Ho	Er	Tm	Yb	Lu	Hf	Ta	W	Re	Os	Ir	Pt	Au	Hg	Tl	Pb	Bi	Po	At	Rn
7	Fr	Ra	Ac	Th	Pa	U	Np	Pu	Am	Cm	Bk	Cf	Es	Fm	Md	No	Lr	Rf	Db	Sg	Bh	Hs	Mt	Ds	Rg	Cn		Fl		Lv		

Рис. 5. Длиннопериодная периодическая система химических элементов

Длиннопериодная периодическая система химических элементов является *естественным* графическим отображением периодического закона. Длиннопериодная периодическая система образована четырьмя прямоугольными блоками химических элементов, имеет 7 периодов и 32 группы.

Из соображений компактности периодическая система *искусственно* преобразуется. Второй слева блок химических элементов выносится вниз, оставшиеся блоки смыкаются (рис. 6).

	1	2	3	4	5	6	7	8	9	10	11	12	13	14	15	16	17	18
1	H	He																
2	Li	Be											B	C	N	O	F	Ne
3	Na	Mg											Al	Si	P	S	Cl	Ar
4	K	Ca	Sc	Ti	V	Cr	Mn	Fe	Co	Ni	Cu	Zn	Ga	Ge	As	Se	Br	Kr
5	Rb	Sr	Y	Zr	Nb	Mo	Tc	Ru	Rh	Pd	Ag	Cd	In	Sn	Sb	Te	I	Xe
6	Cs	Ba	Lu	Hf	Ta	W	Re	Os	Ir	Pt	Au	Hg	Tl	Pb	Bi	Po	At	Rn
7	Fr	Ra	Lr	Rf	Db	Sg	Bh	Hs	Mt	Ds	Rg	Cn		Fl		Lv		

La	Ce	Pr	Nd	Pm	Sm	Eu	Gd	Tb	Dy	Ho	Er	Tm	Yb
Ac	Th	Pa	U	Np	Pu	Am	Cm	Bk	Cf	Es	Fm	Md	No

Рис. 6. Полудлиннопериодная периодическая система химических элементов

Полученная периодическая система имеет название *«полудлиннопериодная»*. Следует отметить, что полудлиннопериодная периодическая система распространена в мировом химическом сообществе и рекомендована IUPAC [4].

Тем не менее, полудлиннопериодная периодическая система подвергается дальнейшим преобразованиям. Периоды с 4 по 7 включительно, названные длинными периодами (рис. 7), разбиваются на части, названные рядами (рис. 8).

	1	2	3	4	5	6	7	8	9	10	11	12	13	14	15	16	17	18
1	H																	He
2	Li	Be											B	C	N	O	F	Ne
3	Na	Mg											Al	Si	P	S	Cl	Ar
4	K	Ca	Sc	Ti	V	Cr	Mn	Fe	Co	Ni	Cu	Zn	Ga	Ge	As	Se	Br	Kr

	1	2	3	4	5	6	7	8	9	10	11	12	13	14	15	16	17	18
5	Rb	Sr	Y	Zr	Nb	Mo	Tc	Ru	Rh	Pd	Ag	Cd	In	Sn	Sb	Te	I	Xe

	1	2	3	4	5	6	7	8	9	10	11	12	13	14	15	16	17	18
6	Cs	Ba	Lu	Hf	Ta	W	Re	Os	Ir	Pt	Au	Hg	Tl	Pb	Bi	Po	At	Rn

	1	2	3	4	5	6	7	8	9	10	11	12	13	14	15	16	17	18
7	Fr	Ra	Lr	Rf	Db	Sg	Bh	Hs	Mt	Ds	Rg	Cn		Fl		Lv		

La	Ce	Pr	Nd	Pm	Sm	Eu	Gd	Tb	Dy	Ho	Er	Tm	Yb
Ac	Th	Pa	U	Np	Pu	Am	Cm	Bk	Cf	Es	Fm	Md	No

Рис. 7. Периодическая система «растягивается» по вертикали

	1	2	3	4	5	6	7	8	9	10	11	12	13	14	15	16	17	18
1	H																	He
2	Li	Be											B	C	N	O	F	Ne
3	Na	Mg											Al	Si	P	S	Cl	Ar
4	K	Ca	Sc	Ti	V	Cr	Mn	Fe	Co	Ni	Cu	Zn	Ga	Ge	As	Se	Br	Kr
	Cu	**Zn**	**Ga**	**Ge**	**As**	**Se**	**Br**	**Kr**										
5	Rb	Sr	Y	Zr	Nb	Mo	Tc	Ru	Rh	Pd	Ag	Cd	In	Sn	Sb	Te	I	Xe
	Ag	**Cd**	**In**	**Sn**	**Sb**	**Te**	**I**	**Xe**										
6	Cs	Ba	Lu	Hf	Ta	W	Re	Os	Ir	Pt	Au	Hg	Tl	Pb	Bi	Po	At	Rn
	Au	**Hg**	**Tl**	**Pb**	**Bi**	**Po**	**At**	**Rn**										
7	Fr	Ra	Lr	Rf	Db	Sg	Bh	Hs	Mt	Ds	Rg	Cn		Fl		Lv		
	Rg	**Cn**		**Fl**		**Lv**												

La	Ce	Pr	Nd	Pm	Sm	Eu	Gd	Tb	Dy	Ho	Er	Tm	Yb
Ac	Th	Pa	U	Np	Pu	Am	Cm	Bk	Cf	Es	Fm	Md	No

Рис. 8. Периоды разбиваются на ряды

Химические элементы, образующие периоды с 1 по 3 включительно, перемещаются влево (рис. 9), что приводит к образованию таблицы Менделеева следующего вида (рис. 10):

		1	2	3	4	5	6	7	8	9	10	11	12	13	14	15	16	17	18
1	1	H							He										He
2	2	Li	Be	B	C	N	O	F	Ne					B	C	N	O	F	Ne
3	3	Na	Mg	Al	Si	P	S	Cl	Ar					Al	Si	P	S	Cl	Ar
4	4	K	Ca	Sc	Ti	V	Cr	Mn	Fe	Co	Ni								
	5	Cu	Zn	Ga	Ge	As	Se	Br	Kr										
5	6	Rb	Sr	Y	Zr	Nb	Mo	Tc	Ru	Rh	Pd								
	7	Ag	Cd	In	Sn	Sb	Te	I	Xe										
6	8	Cs	Ba	Lu	Hf	Ta	W	Re	Os	Ir	Pt								
	9	Au	Hg	Tl	Pb	Bi	Po	At	Rn										
7	10	Fr	Ra	Lr	Rf	Db	Sg	Bh	Hs	Mt	Ds								
	11	Rg	Cn		Fl		Lv												

La	Ce	Pr	Nd	Pm	Sm	Eu	Gd	Tb	Dy	Ho	Er	Tm	Yb
Ac	Th	Pa	U	Np	Pu	Am	Cm	Bk	Cf	Es	Fm	Md	No

Рис. 9. Оставшиеся элементы малых периодов перемещаются влево

		1	2	3	4	5	6	7	8
1	1	H							He
2	2	Li	Be	B	C	N	O	F	Ne
3	3	Na	Mg	Al	Si	P	S	Cl	Ar
4	4	K	Ca	Sc	Ti	V	Cr	Mn	Fe	Co	Ni
	5	Cu	Zn	Ga	Ge	As	Se	Br	Kr
5	6	Rb	Sr	Y	Zr	Nb	Mo	Tc	Ru	Rh	Pd
	7	Ag	Cd	In	Sn	Sb	Te	I	Xe
6	8	Cs	Ba	Lu	Hf	Ta	W	Re	Os	Ir	Pt
	9	Au	Hg	Tl	Pb	Bi	Po	At	Rn
7	10	Fr	Ra	Lr	Rf	Db	Sg	Bh	Hs	Mt	Ds
	11	Rg	Cn		Fl		Lv		

La	Ce	Pr	Nd	Pm	Sm	Eu	Gd	Tb	Dy	Ho	Er	Tm	Yb
Ac	Th	Pa	U	Np	Pu	Am	Cm	Bk	Cf	Es	Fm	Md	No

Рис. 10. Результат разбиения периодической системы на ряды

Помещение химических элементов из различных блоков в одну группу вызывает необходимость акцентировать данное различие, для чего группы разделяются на подгруппы А и В (рис. 11). Полученная периодическая система имеет название *«короткопериодная»*. Очевидно, что короткопериодная

15

периодическая система имеет мало общего с естественным графическим отображением периодического закона.

		I		II		III		IV		V		VI		VII		VIII
		A	B	A	B	A	B	A	B	A	B	A	B	A	B	
1	1	H														He
2	2	Li		Be		B		C		N		O		F		Ne
3	3	Na		Mg		Al		Si		P		S		Cl		Ar
4	4	K		Ca			Sc		Ti	V			Cr		Mn	Fe Co Ni
	5		Cu		Zn	Ga		Ge		As		Se		Br		Kr
5	6	Rb		Sr			Y		Zr	Nb			Mo		Tc	Ru Rh Pd
	7		Ag		Cd	In		Sn		Sb		Te		I		Xe
6	8	Cs		Ba			Lu		Hf	Ta			W		Re	Os Ir Pt
	9		Au		Hg	Tl		Pb		Bi		Po		At		Rn
7	10	Fr		Ra			Lr		Rf	Db			Sg		Bh	Hs Mt Ds
	11		Rg		Cn			Fl				Lv				

La	Ce	Pr	Nd	Pm	Sm	Eu	Gd	Tb	Dy	Ho	Er	Tm	Yb
Ac	Th	Pa	U	Np	Pu	Am	Cm	Bk	Cf	Es	Fm	Md	No

Рис. 11. Короткопериодная периодическая система

Короткопериодная периодическая система официально отменена IUPAC в 1989 г. [4].

Отдадим должное истории развития периодической системы. В 1905 г. швейцарский химик Альфред Вернер впервые опубликовал длиннопериодную периодическую систему (рис. 12). Периодическая система химических элементов А. Вернера содержала ошибки и неточности, но опередила свое время [5].

```
...                                                                                    ... ...
H                                                                                      ... He
Li                                                          Be B  C  N  O  F  Ne
Na                                                          Mg Al Si P  S  Cl A
K   Ca                      Sc Ti V Cr Mn Fe Co Ni Cu Zn Ga Ge As Se Br Kr
Rb  Sr                      Y Zr Nb Mo ... Ru Rh Pd Ag Cd Jn Sn Sb Te J  Xa
Cs  Ba La Ce Nd Pr ... ... Sa Eu Gd Tb Ho Er Tu Y ... ... Ta W ... Os Ir Pt Au Hg Ti Pb Bi ... ... ...
... Ra Laa Th ... ... ... ... U ... ... ... ... Ac ... ... ... ... ... Pba Bia Tea ... ...
```

Рис. 12. Длиннопериодная периодическая система А. Вернера (1905 г.)

Последняя редакция короткопериодной периодической системы, вышедшая при жизни Дмитрия Ивановича Менделеева, датируется 1906 г. (рис. 13).

Ряды	0	I	II	III	IV	V	VI	VII	VIII		
1	—	Водород H 1,008	—	—	—	—	—	—			
2	Гелий He 4,0	Литий Li 7,03	Бериллий Be 9,1	Бор B 11,0	Углерод C 12,0	Азот N 14,01	Кислород O 16,00	Фтор F 19,0			
3	Неон Ne 19,9	Натрий Na 23,05	Магний Mg 24,36	Алюминий Al 27,1	Кремний Si 28,2	Фосфор P 31,0	Сера S 32,06	Хлор Cl 35,45			
4	Аргон Ar 38	Калий K 39,15	Кальций Ca 40,1	Скандий Sc 41,1	Титан Ti 48,1	Ванадий V 51,2	Хром Cr 52,1	Марганец Mn 55,0	Железо Fe 55,9	Кобальт Co 59	Никель Ni (Cu) 59
5	Медь Cu 63,6		Цинк Zn 65,4	Галлий Ga 70,0	Германий Ge 72,5	Мышьяк As 75	Селен Se 79,2	Бром Br 79.95			
6	Криптон Kr 81,8	Рубидий Rb 85,5	Стронций Sr 87,6	Иттрий Y 89,0	Цирконий Zr 90,6	Ниобий Nb 94,0	Молибден Mo 96,0	—	Гугений Ru 101,7	Родий Rh 103,0	Палладий Pd (Ag) 106,5
7	Серебро Ag 107,93		Кадмий Cd 112,4	Индий In 115,0	Олово Sn 119,0	Сурьма Sb 120,2	Теллур Te 127	Иод J 127			
8	Ксенон Xe 128	Цезий Cs 132,9	Барий Ba 137,4	Лантан La 138,9	Церий Ce 140,2	—	—	—			
9											
10	—	—	—	Иттербий Yb 173	—	Тантал Ta 183	Вольфрам W 184	—	Осмий Os 191	Иридий Ir 193	Платина Pt (Au) 194,8
11		Золото Au 197,2	Ртуть Hg 200,0	Таллий Tl 204,1	Свинец Pb 206,9	Висмут Bi 208,5					
12			Радий Rd 225		Торий Th 232,5		Уран U 238,5				

Высшие солеобразные окислы:

$R \mid R_2O \mid RO \mid R_2O_3 \mid RO_2 \mid R_2O_5 \mid RO_3 \mid R_2O_7 \mid RO_4$

Высшие газообразные водородные соединения:

$RH_4 \mid RH_3 \mid RH_2 \mid RH$

Д. Менделеев.
1869 — 1905.

Рис. 13. Короткопериодная таблица Д. И. Менделеева (1906 г.)

В 1969 г. Я. В. ван Спронсен опубликовал длиннопериодную периодическую систему в современном виде (рис. 14) [6].

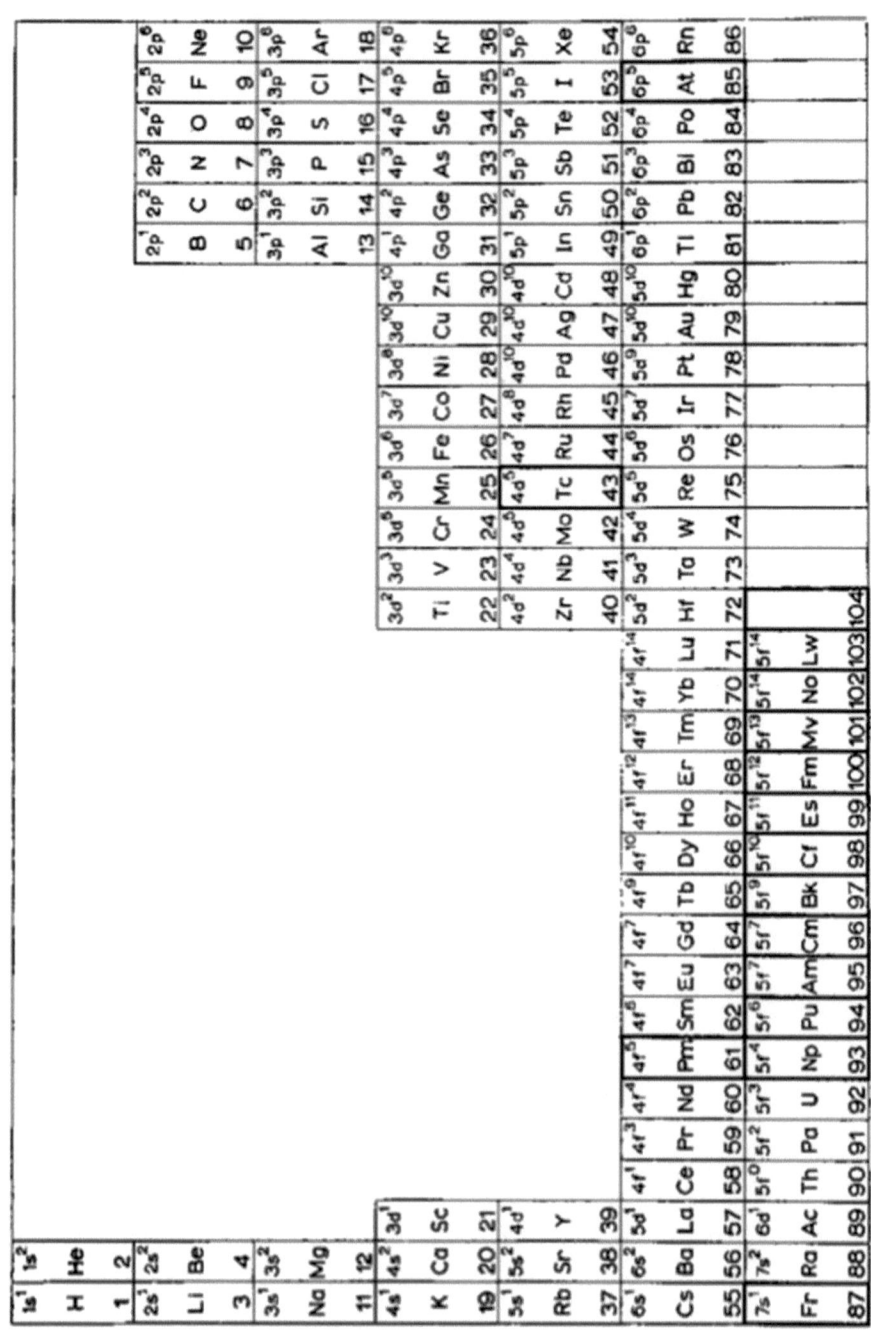

Рис. 14. Длиннопериодная периодическая система Я. В. ван Спронсена (1969 г.)

18

Строго говоря, таблицей Менделеева справедливо называть только короткопериодный вариант периодической системы химических элементов, разработанный самим Д. И. Менделеевым. Тем не менее, из глубокого уважения к Дмитрию Ивановичу Менделееву здесь и далее периодическая система химических элементов будет называться таблицей Менделеева везде, где это уместно. Далее речь пойдет исключительно о длиннопериодной таблице Менделеева.

Почему таблица Менделеева имеет именно такой вид, а не иной?

Внешний вид таблицы Менделеева обусловлен электронным строением атома, как будет показано в следующей главе, поэтому необходимо научиться описывать распределение электронов в атомах химических элементов.

2. Электронные конфигурации атомов химических элементов

2.1. Постулаты Бора

Электронное строение атома является предметом изучения квантовой механики, поскольку классическая механика неприменима для описания систем размером порядка 10^{-10} м. Полная энергия атома может принимать только строго определенный набор значений, то есть она носит дискретный характер.

<u>Первый постулат Бора</u>: электроны в атоме находятся на *стационарных орбиталях*, при этом атом не излучает и не поглощает энергию.

<u>Второй постулат Бора</u>: при переходе электрона с одной стационарной орбитали на другую атом излучает или поглощает энергию.

2.2. Квантовые числа

В атоме химического элемента электроны распределены по уровням энергии[4], уровни энергии разделены на подуровни энергии, подуровни энергии образованы *атомными орбиталями* (АО), на атомной орбитали находится не более 2 электронов.

<u>Атомная орбиталь</u> – математическая функция, описывающая поведение электронов в атоме.

На рис. 15 вертикальные столбцы соответствуют уровням энергии (1, 2, 3, 4, 5, 6, 7…). Подуровни энергии схематично изображаются ячейками: □, □□□, □□□□□, □□□□□□□, □□□□□□□□□ и т.д. Очевидна зависимость: первый уровень содержит 1 подуровень, второй уровень содержит 2 подуровня, третий уровень содержит 3 подуровня и т.д. Атомные орбитали схематично изображаются ячейкой: □, число АО, образующих подуровень, всегда нечетное (1, 3, 5, 7, 9, 11, 13…).

---

[4] Здесь и далее речь будет идти о *потенциальной энергии*.

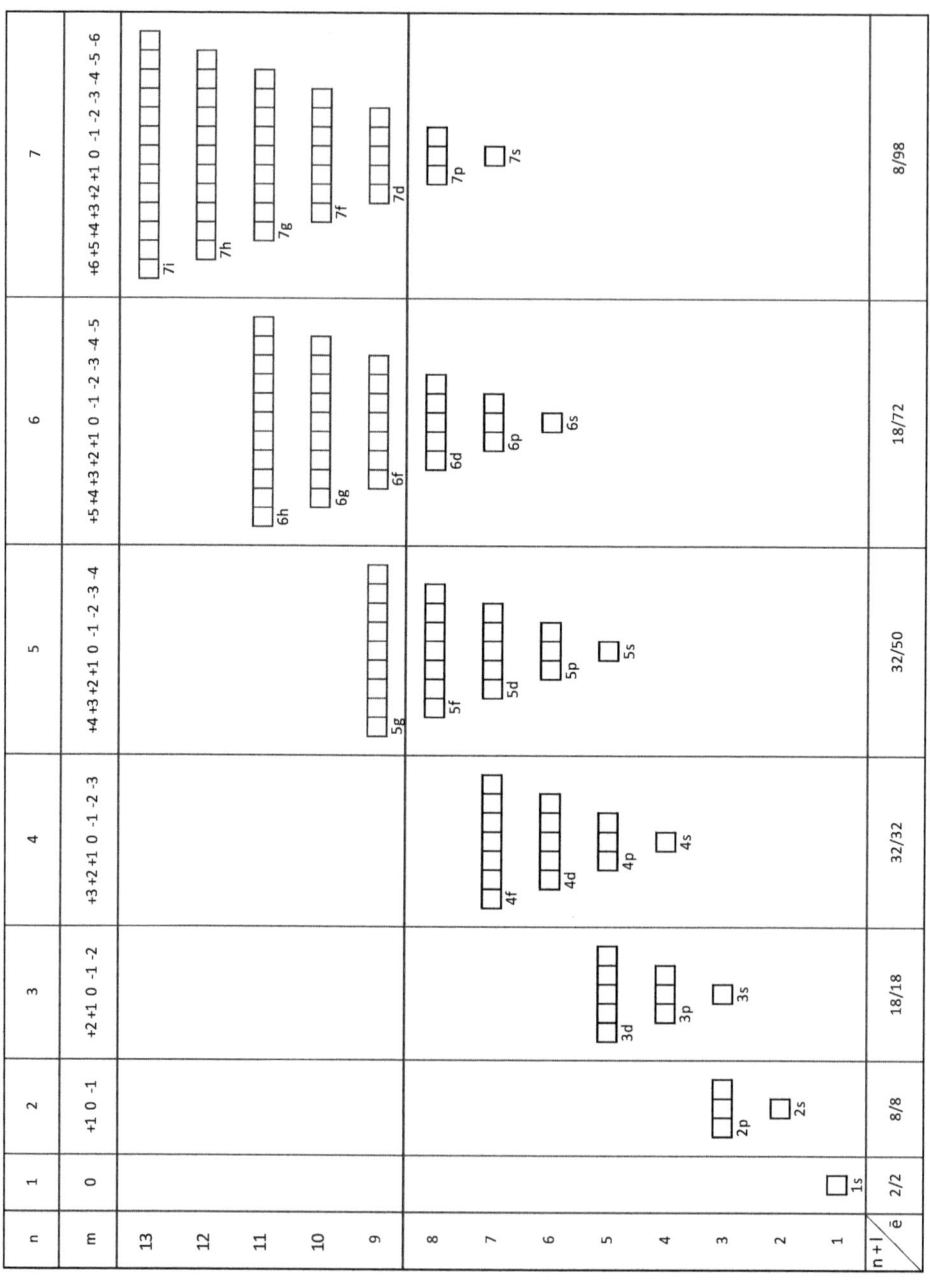

Рис. 15. Энергетические подуровни атома и значения квантовых чисел

Квантовые числа предназначены для однозначного определения состояния электрона в атоме.

Главное квантовое число *n* задает уровень энергии. *n* принимает натуральные значения: 1, 2, 3, 4, 5, 6, 7…

Орбитальное квантовое число *l* задает подуровень энергии. *l* принимает целые неотрицательные значения от 0 до (*n* – 1): 0, 1, 2, 3, 4, 5, 6…

В зависимости от значения орбитального квантового числа подуровни принято обозначать следующим образом:

l = 0	s–подуровень
l = 1	p–подуровень
l = 2	d–подуровень
l = 3	f–подуровень
l = 4	g–подуровень
l = 5	h–подуровень
l = 6	i–подуровень

Символ подуровня (1s, 2p, 3d, 4f и т.д.) указывает на значения *n* и *l*.

Магнитное квантовое число *m* задает АО на подуровне. *m* принимает целые значения от –*l* до +*l*, включая ноль: 0, ±1, ±2, ±3, ±4, ±5, ±6…

Спиновое квантовое число *s* задает электрон на атомной орбитали. *s* принимает значения ±½.

Каждое последующее квантовое число уточняет информацию, заданную предыдущим квантовым числом. Таким образом, набор из четырех квантовых чисел необходим и достаточен для однозначного определения состояния электрона в атоме.

На рис. 15 сверху по горизонтали указаны значения главного квантового числа *n* и магнитного квантового числа *m*, снизу по горизонтали указано число электронов на уровне. Слева по вертикали отложена сумма главного и орбитального чисел *n+l*. Подуровни расположены симметрично относительно равных значений магнитного квантового числа *m*. Пунктиром выделены подуровни, не заселенные электронами ни в одном из открытых химических элементов. Эти подуровни не опущены с той целью, чтобы в восприятии электронного строения атома не создавалось искусственных ограничений. Следует понимать, что рис. 15 не имеет физического смысла, не является энергетической диаграммой атома и необходим исключительно для эффективного использования квантовых чисел.

2.3. Правила записи электронных конфигураций

Электронная конфигурация атома химического элемента (ЭКАХЭ) – запись, отражающая распределение электронов по различным АО.

2.3.1. Принцип запрета Паули

Почему все электроны не находятся в 1s¹–состоянии?

Принцип запрета Паули: набор квантовых чисел для каждого электрона в атоме уникален. Иными словами, в атоме нет двух электронов с идентичным набором квантовых чисел.

Изобразим *электронно–графические схемы распределения электронов по подуровням* в атомах химических элементов $_1$H, $_2$He, $_3$Li, $_4$Be и $_5$B, запишем соответствующие ЭКАХЭ:

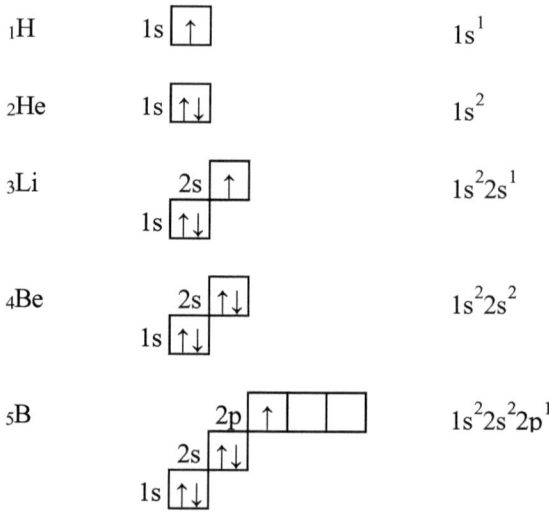

$_1$H   1s $\uparrow$ $1s^1$

$_2$He   1s $\uparrow\downarrow$ $1s^2$

$_3$Li   2s $\uparrow$ $1s^2 2s^1$
1s $\uparrow\downarrow$

$_4$Be   2s $\uparrow\downarrow$ $1s^2 2s^2$
1s $\uparrow\downarrow$

$_5$B   2p $\uparrow$ | | | $1s^2 2s^2 2p^1$
2s $\uparrow\downarrow$
1s $\uparrow\downarrow$

2.3.2. Правило Хунда

Запишем ЭКАХЭ $_6$С, изобразим электронно–графическую схему распределения электронов по подуровням:

$_6$С $\qquad$ $1s^2 2s^2 2p^2$

$$2p \; \boxed{\uparrow}\boxed{\uparrow}\boxed{}$$
$$2s \; \boxed{\uparrow\downarrow}$$
$$1s \; \boxed{\uparrow\downarrow}$$

Как правильно изображать электронно–графические схемы распределения электронов по подуровням?

Необходимо объяснить, почему p–электроны углерода занимают разные атомные орбитали.

Правило Хунда: модуль суммы спиновых квантовых чисел электронов на подуровне должен быть максимальным.

На примере p–элементов 2 периода рассмотрим применение правила Хунда:

$_7$N $\qquad$ $1s^2 2s^2 2p^3$

$$2p \; \boxed{\uparrow}\boxed{\uparrow}\boxed{\uparrow}$$
$$2s \; \boxed{\uparrow\downarrow}$$
$$1s \; \boxed{\uparrow\downarrow}$$

$_8$O $\qquad$ $1s^2 2s^2 2p^4$

$$2p \; \boxed{\uparrow\downarrow}\boxed{\uparrow}\boxed{\uparrow}$$
$$2s \; \boxed{\uparrow\downarrow}$$
$$1s \; \boxed{\uparrow\downarrow}$$

$_9$F $\qquad$ $1s^2 2s^2 2p^5$

$$2p \; \boxed{\uparrow\downarrow}\boxed{\uparrow\downarrow}\boxed{\uparrow}$$
$$2s \; \boxed{\uparrow\downarrow}$$
$$1s \; \boxed{\uparrow\downarrow}$$

$_{10}$Ne $\qquad$ $1s^2 2s^2 2p^6$

$$2p \; \boxed{\uparrow\downarrow}\boxed{\uparrow\downarrow}\boxed{\uparrow\downarrow}$$
$$2s \; \boxed{\uparrow\downarrow}$$
$$1s \; \boxed{\uparrow\downarrow}$$

Начиная с кислорода заполнение разных АО становится невозможным, и модуль суммы спиновых квантовых числе уменьшается до нуля (неон).

Чем отличается полная ЭКАХЭ от сокращенной ЭКАХЭ?

Запишем ЭКАХЭ $_{11}$Na и подчеркнем подуровни, соответствующие ЭКАХЭ $_{10}$Ne:

$$_{11}\text{Na} \qquad \underline{1s^2 2s^2 2p^6} 3s^1$$

Следовательно, ЭКАХЭ $_{11}$Na можно выразить через ЭКАХЭ $_{10}$Ne:

$$_{11}\text{Na} \qquad [_{10}\text{Ne}]3s^1$$

Данная запись является сокращенной ЭКАХЭ натрия. Таким образом, электронную конфигурацию атома любого химического элемента можно выразить через электронную конфигурацию благородного газа из предыдущего периода.

2.3.3. Правило Клечковского

Запишем ЭКАХЭ $_{18}$Ar, завершающего третий период:

$$_{18}\text{Ar} \qquad 1s^2 2s^2 2p^6 3s^2 3p^6$$

Следующий химический элемент, калий, принадлежит четвертому периоду. Запишем ЭКАХЭ $_{19}$K:

$$_{19}\text{K} \qquad 1s^2 2s^2 2p^6 3s^2 3p^6 4s^1$$

или:

$$_{19}\text{K} \qquad [_{18}\text{Ar}]4s^1$$

Как правильно записывать ЭКАХЭ, начиная с четвертого периода?

Необходимо объяснить, почему внешний электрон калия не является 3d–электроном.

<u>Правило Клечковского</u>: электронные подуровни заполняются в порядке возрастания суммы главного и орбитального квантовых чисел *n+l*. В случае если для нескольких подуровней суммы главного и орбитального квантовых чисел равны, в первую очередь заполняется подуровень с наименьшим значением главного квантового числа.

На рис. 16 стрелочками изображен порядок заполнения подуровней в соответствии с правилом Клечковского, поскольку каждая горизонтальная последовательность подуровней отвечает одинаковой сумме главного и орбитального квантовых чисел *n+l*, и в каждой горизонтальной последовательности подуровни располагаются в порядке возрастания главного квантового числа.

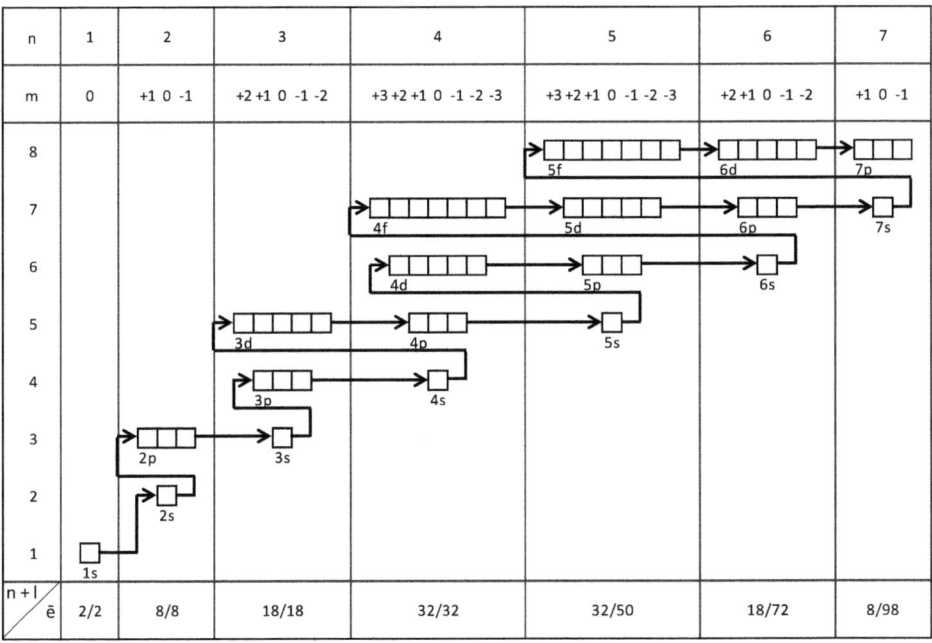

Рис. 16. Порядок заполнения энергетических подуровней в соответствии с правилом Клечковского

Как запомнить правило Клечковского?

Для воспроизведения порядка заполнения энергетических подуровней в соответствии с правилом Клечковского предлагается следующая мнемотехника (рис. 17):

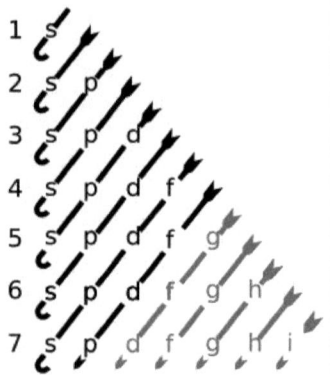

Рис. 17. Треугольник Клечковского

Для изображения *«треугольника Клечковского»* достаточно запомнить последовательность букв s, p, d, f, g, h, i. Символы подуровней в соответствии с правилом Клечковского соединены стрелочкой.

Почему на внешнем уровне всегда не более 8 электронов?

Соблюдая правило Клечковского, запишем сокращенные ЭКАХЭ четырех произвольно выбранных s–, p–, d– и f– элементов:

$_{37}$Rb $\qquad$ [$_{36}$Kr]5s^1

$_{33}$As $\qquad$ [$_{18}$Ar]4s^{2}3d^{10}4p^3

$_{74}$W $\qquad$ [$_{54}$Xe]6s^{2}4f^{14}5d^4

$_{82}$Pb $\qquad$ [$_{54}$Xe]6s^{2}4f^{14}5d^{10}6p^2

В электронной конфигурации атома любого химического элемента s– и p– подуровни всегда обладают *«старшим»* и *одинаковым* значением главного квантового числа. Заполнение d–электронов всегда идет на (***n–1***) уровень, а f–

электронов – на (***n–2***) уровень в соответствии с правилом Клечковского, поэтому внешними электронами являются только s– и p–электроны, а их максимальное число на уровне 2+6 = 8.

2.3.4. Проскок электронов

Наиболее устойчивыми являются наполовину или полностью заполненные подуровни. Сумма спиновых квантовых чисел электронов на таких подуровнях будет, соответственно, максимальной (см. правило Хунда) или нулевой.

В атомах некоторых d– и f–элементов имеет место так называемый «проскок» электрона (электронов), обусловленный стремлением к образованию наиболее устойчивой конфигурации.

На примере хрома и серебра рассмотрим проскок электрона с s–подуровня на d–подуровень:

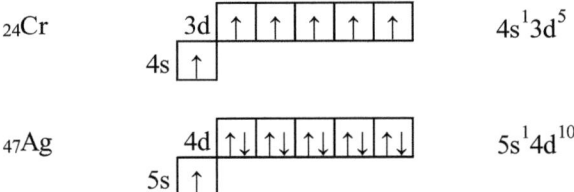

Молибден, медь и золото ведут себя аналогичным образом.

На примере палладия рассмотрим проскок двух электронов с s–подуровня на d–подуровень:

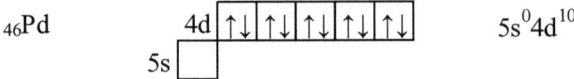

На примере гадолиния рассмотрим проскок электрона с f–подуровня на d–подуровень:

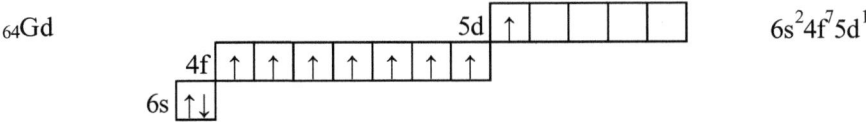

Проскок электрона не может быть однозначно предсказан теоретически и является, по сути, небольшим отклонением от правила Клечковского.

2.4. Взаимосвязь таблицы Менделеева и электронных конфигураций

Почему необходима именно длиннопериодная таблица Менделеева?

Ранее сказано, что длиннопериодная таблица Менделеева является *естественным* отображением периодического закона, что само по себе говорит в ее пользу. Однако основным и безоговорочным преимуществом длиннопериодной таблицы Менделеева является *наглядная корреляция между внешним видом таблицы Менделеева и ЭКАХЭ* [7].

Как записать электронную конфигурацию атома любого химического элемента мгновенно и безошибочно?

Для грамотной записи электронной конфигурации достаточно длиннопериодной таблицы Менделеева и понимания соответствия между последовательностями химических элементов и энергетическими подуровнями (рис. 18).

Запишем полную ЭКАХЭ диспрозия $_{66}$Dy по следующему алгоритму:

1) Найти химический элемент $_{66}$Dy в таблице Менделеева: 6 период, 4f–блок.

2) По таблице Менделеева слева направо переписать символы *полностью заполненных* подуровней с соответствующим максимальным числом электронов верхним индексом: $1s^2 2s^2 2p^6 3s^2 3p^6 4s^2 3d^{10} 4p^6 5s^2 4d^{10} 5p^6 6s^2$.

3) Определить, каким по счету химическим элементом является диспрозий в 4f–блоке: 10.

4) Объединить записи: $1s^2 2s^2 2p^6 3s^2 3p^6 4s^2 3d^{10} 4p^6 5s^2 4d^{10} 5p^6 6s^2 \underline{4f^{10}}$.

Следует отметить, что использование данного алгоритма позволяет получить запись ЭКАХЭ в соответствии с правилом Клечковского. В случае если речь идет об ЭКАХЭ, где имеет место проскок электрона (электронов), следует сначала записать ЭКАХЭ по вышеуказанному алгоритму, после чего отразить в записи проскок электрона (электронов).

	1	2	3	4	5	6	7	8	9	10	11	12	13	14	15	16	17	18	19	20	21	22	23	24	25	26	27	28	29	30	31	32
1	H	He																														
2	Li	Be																									B	C	N	O	F	Ne
3	Na	Mg																									Al	Si	P	S	Cl	Ar
4	K	Ca															Sc	Ti	V	Cr	Mn	Fe	Co	Ni	Cu	Zn	Ga	Ge	As	Se	Br	Kr
5	Rb	Sr															Y	Zr	Nb	Mo	Tc	Ru	Rh	Pd	Ag	Cd	In	Sn	Sb	Te	I	Xe
6	Cs	Ba	La	Ce	Pr	Nd	Pm	Sm	Eu	Gd	Tb	Dy	Ho	Er	Tm	Yb	Lu	Hf	Ta	W	Re	Os	Ir	Pt	Au	Hg	Tl	Pb	Bi	Po	At	Rn
7	Fr	Ra	Ac	Th	Pa	U	Np	Pu	Am	Cm	Bk	Cf	Es	Fm	Md	No	Lr	Rf	Db	Sg	Bh	Hs	Mt	Ds	Rg	Cn		Fl		Lv		

	1	2	3	4	5	6	7	8	9	10	11	12	13	14	15	16	17	18	19	20	21	22	23	24	25	26	27	28	29	30	31	32
1	1s																															
2	2s																										2p					
3	3s																										3p					
4	4s																3d										4p					
5	5s																4d										5p					
6	6s		4f														5d										6p					
7	7s		5f														6d										7p					

Рис. 18. Длиннопериодная таблица Менделеева и соответствующие энергетические подуровни

Для удобства на рис. 18 одной линией подчеркнуты символы химических элементов, в атомах которых имеет место проскок электрона: $_{24}$Cr, $_{29}$Cu, $_{41}$Nb, $_{42}$Mo, $_{44}$Ru, $_{45}$Rh, $_{47}$Ag, $_{57}$La, $_{58}$Ce, $_{64}$Gd, $_{78}$Pt, $_{79}$Au, $_{89}$Ac, $_{91}$Pa, $_{92}$U, $_{93}$Np, $_{96}$Cm, $_{111}$Rg, двойной линией подчеркнуты символы химических элементов, в атомах которых имеет место проскок двух электронов: $_{46}$Pd, $_{90}$Th.

Какую информацию несет ЭКАХЭ в основном состоянии?

ЭКАХЭ $_{22}$Ti в основном состоянии имеет следующий вид: $1s^2 2s^2 2p^6 3s^2 3p^6 4s^2 3d^2$.

Данная запись означает, что в основном состоянии атома химического элемента титана электроны распределены по подуровням следующим образом: 2ē находятся на 1s–подуровне, 2ē находятся на 2s–подуровне, 6ē находятся на 2p–подуровне, 2ē находятся на 3s–подуровне, 6ē находятся на 3p–подуровне, 2ē находятся на 4s–подуровне и 2ē находятся на 3d–подуровне.

В записи ЭКАХЭ $_{22}$Ti в основном состоянии подчеркнем подуровни, отличающие ЭКАХЭ $_{22}$Ti от ЭКАХЭ $_{18}$Ar: $1s^2 2s^2 2p^6 3s^2 3p^6 \underline{4s^2 3d^2}$.

Данная запись также означает, что химический элемент титан является элементом d–блока 4 периода, и в этом блоке он является вторым по счету химическим элементом.

Иными словами, ЭКАХЭ в основном состоянии непосредственно указывает на положение химического элемента в таблице Менделеева[5].

Почему ЭКАХЭ следует записывать именно так, а не иначе?

ЭКАХЭ $_{25}$Mn в основном состоянии имеет следующий вид: $1s^2 2s^2 2p^6 3s^2 3p^6 \underline{4s^2 3d^5}$. Большинство источников рекомендует запись следующего вида: $1s^2 2s^2 2p^6 3s^2 3p^6 \underline{3d^5 4s^2}$.

Первая запись отражает *реальный* порядок заполнения энергетических подуровней электронами, во второй записи энергетические подуровни

---

[5] Кроме случаев с проскоком электрона (электронов).

формально упорядочены в порядке возрастания главного и орбитальных квантовых чисел. Таким образом, вторая запись является *искусственно* преобразованной первой записью и несет в себе меньший объем информации.

Известно, что современное представление об электронном строении атомов химических элементов является результатом многолетних исследований в области атомной спектрометрии. Например, латинские строчные буквы *s*, *p*, *d* и *f*, используемые для обозначения энергетических подуровней, соответствуют англоязычным терминам *sharp*, *diffuse*, *principal* и *fundamental*, выбранным исходя из вида спектральных линий. На рис. 19 (а) приведена схематичная энергетическая диаграмма атома, на которой каждому состоянию соответствует своя пара чисел *n* и *l*.

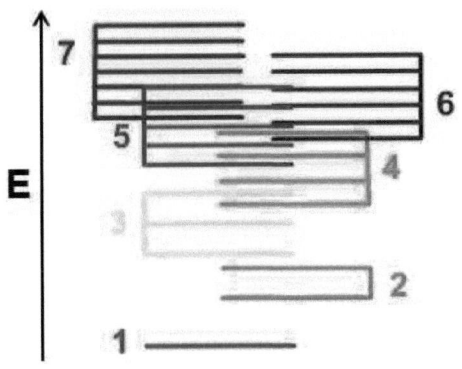
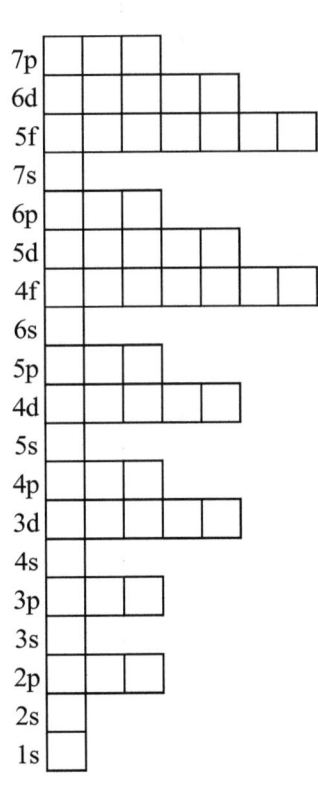

Рис. 19. Энергетическая диаграмма атома (а) и соответствующие подуровни (б)

Видно, что уровни, начиная с третьего, частично накладываются друг на друга, и с возрастанием главного квантового числа зазоры между соседними уровнями уменьшаются. На рис 19 (б) подуровни расположены в соответствии с энергетической диаграммой атома:

1s 2s 2p 3s 3p 4s 3d 4p 5s 4d 5p 6s 4f 5d 6p 7s 5f 6d 7p

Нетрудно заметить, что порядок чередования электронных подуровней описан правилом Клечковского.

Таким образом, ЭКАХЭ $_{25}$Mn в основном состоянии следует записывать: $1s^2 2s^2 2p^6 3s^2 3p^6 4s^2 3d^5$. Данная запись является верной, поскольку отражает электронное строение атома химического элемента.

Запись $1s^2 2s^2 2p^6 3s^2 3p^6 3d^5 4s^2$ допускается, но не должна приветствоваться.

Необходимо ли запоминать максимальное число электронов на уровнях?

Максимальное число электронов на уровне равняется удвоенному квадрату главного квантового числа $2n^2$: 2, 8, 18, 32, 50, 72, 98. В связи с тем, что некоторые подуровни не заселены электронами ни в одном из открытых химических элементов, максимальное число электронов на подуровне реализуется не всегда (рис. 20).

n							Σ
1	s^2						2/2
2	s^2	p^6					8/8
3	s^2	p^6	d^{10}				18/18
4	s^2	p^6	d^{10}	f^{14}			32/32
5	s^2	p^6	d^{10}	f^{14}	g^{18}		32/50
6	s^2	p^6	d^{10}	f^{14}	g^{18}	h^{22}	18/72
7	s^2	p^6	d^{10}	f^{14}	g^{18}	h^{22}	i^{26}	8/98

Рис. 20. Максимальное число электронов на уровнях

Полученную последовательность 2, 8, 18, 32, 32, 18, 8 не нужно запоминать. Для записи ЭКАХЭ нет необходимости производить даже примитивные расчеты. Максимальное число электронов на уровне хорошо согласуется с внешним видом длиннопериодной таблицы Менделеева. Длиннопериодная таблица имеет 32 группы, поскольку максимальное число электронов на уровне – 32.

Поскольку таблица Менделеева является графическим отображением периодического закона, согласно которому аналогичные по электронному строению химические элементы расположены в вертикальных последовательностях, s–элементы $_1$H и $_2$He следует помещать в группы с s^1–элементами и s^2–элементами, соответственно.

Помещение гелия в одну группу с бериллием, магнием, кальцием, стронцием, барием и радием вызывает недоумение, но отвечает сходству электронного строения их атомов. Помещения гелия в одну группу с неоном, аргоном, криптоном, ксеноном и радоном более привычно, но часто вызывает ошибочное мнение о том, что гелий является p–элементом.

Лантаноиды или лантаниды?

Семнадцать химических элементов называют редкоземельными в первую очередь по причине их малой распространенности. Редкоземельные элементы скандий ($_{21}$Sc), иттрий ($_{39}$Y), лантан ($_{57}$La), церий ($_{58}$Ce), празеодим ($_{59}$Pr), неодим ($_{60}$Nd), прометий ($_{61}$Pm), самарий ($_{62}$Sm), европий ($_{63}$Eu), гадолиний ($_{64}$Gd), тербий ($_{65}$Tb), диспрозий ($_{66}$Dy), гольмий ($_{67}$Ho), эрбий ($_{68}$Er), тулий ($_{69}$Tm), иттербий ($_{70}$Yb), лютеций ($_{71}$Lu) отмечены на рис. 21.

Как видно, к редкоземельным элементам относится половина элементов f–блока (от лантана до иттербия) и три элемента d–блока (скандий, иттрий и лютеций).

	1	2	3	4	5	6	7	8	9	10	11	12	13	14	15	16	17	18	19	20	21	22	23	24	25	26	27	28	29	30	31	32
1	H	He																														
2	Li	Be																									B	C	N	O	F	Ne
3	Na	Mg																									Al	Si	P	S	Cl	Ar
4	K	Ca															Sc	Ti	V	Cr	Mn	Fe	Co	Ni	Cu	Zn	Ga	Ge	As	Se	Br	Kr
5	Rb	Sr															Y	Zr	Nb	Mo	Tc	Ru	Rh	Pd	Ag	Cd	In	Sn	Sb	Te	I	Xe
6	Cs	Ba	La	Ce	Pr	Nd	Pm	Sm	Eu	Gd	Tb	Dy	Ho	Er	Tm	Yb	Lu	Hf	Ta	W	Re	Os	Ir	Pt	Au	Hg	Tl	Pb	Bi	Po	At	Rn
7	Fr	Ra	Ac	Th	Pa	U	Np	Pu	Am	Cm	Bk	Cf	Es	Fm	Md	No	Lr	Rf	Db	Sg	Bh	Hs	Mt	Ds	Rg	Cn		Fl		Lv		

Рис. 21. Редкоземельные элементы

Как ни парадоксально, лантан, расположенный в f–блоке, не является f–элементом по причине проскока электрона с f–подуровня на d–подуровень, ЭКАХЭ лантана имеет вид:

$_{57}$La $\qquad$ $[_{54}Xe]6s^25d^1$

Таким образом, лантан является d– элементом.

<u>Лантаноиды</u> – химические элементы, подобные лантану.

Термин «лантаноиды» не вполне удачен. Нет никакого сомнения в том, что физико–химические свойства всех редкоземельных элементов, включая скандий и иттрий, подобны свойствам лантана. Тем не менее, скандий и иттрий не принято относить к лантаноидам. Существует другой, более удачный термин – *лантаниды*.

<u>Лантаниды</u> – редкоземельные химические элементы, следующие за лантаном.

Итак, к 17 редкоземельным элементам относятся лантан, 14 лантанидов, скандий и иттрий.

Обратим внимание на особенности электронного строения атомов некоторых лантанидов. Как известно, в атоме химического элемента гадолиния ($_{64}$Gd) имеется проскок электрона с целью сохранения устойчивого наполовину заполненного f–подуровня, образованного у его предшественника европия ($_{63}$Eu):

$_{63}$Eu $\qquad$ $[_{54}Xe]6s^24f^7$

$_{64}$Gd $\qquad$ $[_{54}Xe]6s^24f^75d^1$

В связи с этим, гадолиний в некотором смысле может быть отнесен к d–элементам, что и отражено в некоторых редакциях таблицы Менделеева.

Лютеций имеет полностью заполненный f–подуровень и один 5d–электрон и является d–элементом:

$_{71}$Lu $\qquad$ $[_{54}Xe]6s^24f^{14}5d^1$

Особенности электронного строения атомов редкоземельных химических элементов связаны с тем, что энергии 4f– и 5d–подуровней довольно близки (рис. 19а), что облегчает возможность проскока электрона для формирования наиболее устойчивой электронной конфигурации. Точные электронные конфигурации некоторых элементов до недавнего времени были неоднозначны, и даже по сей день продолжают вноситься уточнения. Например, ранее ошибочно считалось, что у церия отсутствуют f–электроны, то есть осуществляется проскок двух электронов.

Актиноиды или актиниды?

Химический элемент актиний ($_{89}$Ac), открывающий f–блок седьмого периода, по аналогии с лантаном, является не f–, а d–элементом, ЭКАХЭ актиния имеет вид:

$_{89}$Ac $[_{54}Xe]6s^2 5d^1$

<u>Актиноиды</u> – химические элементы, подобные актинию.

<u>Актиниды</u> – химические элементы, следующие за актинием (до лоуренсия включительно).

Химические свойства актиноидов достаточно разнообразны (в особенности это касается $_{91}$Pa $_{92}$U, $_{93}$Np, $_{94}$Pu, $_{95}$Am) и довольно сильно отличаются от свойств актиния, поэтому термин «актиниды» все же более предпочтителен.

Четырнадцать актинидов отмечены на рис. 22: торий ($_{90}$Th), протактиний ($_{91}$Pa), уран ($_{92}$U), нептуний ($_{93}$Np), плутоний ($_{94}$Pu), америций ($_{95}$Am), кюрий ($_{96}$Cm), берклий ($_{97}$Bk), калифорний ($_{98}$Cf), эйнштейний ($_{99}$Es), фермий ($_{100}$Fm), менделевий ($_{101}$Md), нобелий ($_{102}$No), лоуренсий ($_{103}$Lr). Тринадцать из них расположены в f–блоке и один в d–блоке.

	1	2	3	4	5	6	7	8	9	10	11	12	13	14	15	16	17	18	19	20	21	22	23	24	25	26	27	28	29	30	31	32
1	H	He																														
2	Li	Be																									B	C	N	O	F	Ne
3	Na	Mg																									Al	Si	P	S	Cl	Ar
4	K	Ca															Sc	Ti	V	Cr	Mn	Fe	Co	Ni	Cu	Zn	Ga	Ge	As	Se	Br	Kr
5	Rb	Sr															Y	Zr	Nb	Mo	Tc	Ru	Rh	Pd	Ag	Cd	In	Sn	Sb	Te	I	Xe
6	Cs	Ba	La	Ce	Pr	Nd	Pm	Sm	Eu	Gd	Tb	Dy	Ho	Er	Tm	Yb	Lu	Hf	Ta	W	Re	Os	Ir	Pt	Au	Hg	Tl	Pb	Bi	Po	At	Rn
7	Fr	Ra	Ac	Th	Pa	U	Np	Pu	Am	Cm	Bk	Cf	Es	Fm	Md	No	Lr	Rf	Db	Sg	Bh	Hs	Mt	Ds	Rg	Cn		Fl		Lv		

Рис. 22. Актиниды

Обратим внимание на особенности электронного строения атомов некоторых актинидов. Химический элемент торий ($_{90}$Th), следующий сразу за актинием, также не является f–элементом, поскольку в его атомах возникает редкий случай проскока сразу двух электронов, и ЭКАХЭ тория имеет вид:

$_{90}$Th $[_{54}Xe]6s^2 5d^2$

Наиболее уникальным случаем является лоуренсий ($_{103}$Lr). Во–первых, лоуренсий, как и лютеций, является элементом не f–, а d–блока, и не является f–элементом. Тем не менее, подтверждено, что лоуренсий не является и d–элементом. Причина этого заключается в том, что в атомах химического элемента лоуренсия осуществляется непривычный проскок электрона с d–подуровня на p–подуровень, и ЭКАХЭ лоуренсия имеет вид:

$_{103}$Lr $[_{86}Rn]7s^2 5f^{14} 7p^1$

В связи с этим, лоуренсий в некотором смысле может быть отнесен к p–элементам.

Энергии подуровней 5f и 6d настолько близки, что в атомах 6 из 14 актинидов осуществляется проскок электрона для формирования наиболее устойчивой электронной конфигурации, что и обуславливает особенности электронного строения атомов актинидов.

Каково место скандия и иттрия в таблице Менделеева?

В связи с особенностями электронного строения атомов редкоземельных элементов, актиния и актинидов, существует множество вариантов таблицы Менделеева, где эти элементы занимают различное место, иногда спорное, иногда ошибочное. На рис. 23 приведены три варианта длиннопериодной таблицы Менделеева с точки зрения расположения скандия, иттрия, лантана, актиния, лютеция и лоуренсия [8].

В первом привычном варианте длиннопериодной таблицы Менделеева скандий ($_{21}$Sc) и иттрий ($_{39}$Y) посещены в одну группу с лютецием ($_{71}$Lu) и лоуренсием ($_{103}$Lr).

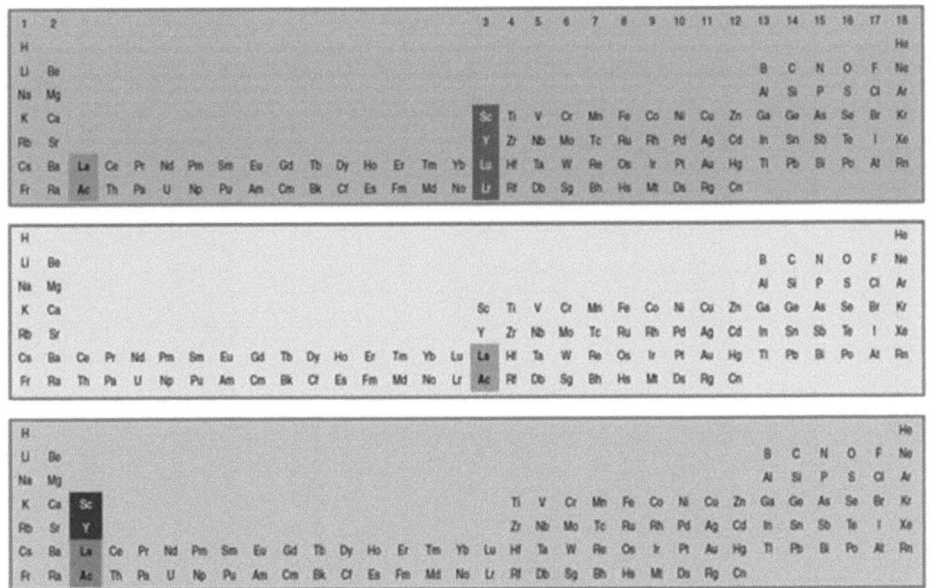

Рис. 23. Три варианта длиннопериодной таблицы Менделеева

Во втором варианте лантан ($_{57}$La) и актиний ($_{89}$Ac) помещены в одну группу со скандием и иттрием, лантаниды и актиниды сдвинуты влево. Такое расположение элементов нарушает сам принцип графического отображения периодического закона, поскольку химические элементы располагаются не в порядке возрастания зарядов ядер их атомов.

В третьем варианте скандий и иттрий помещены в одну группу с лантаном и актинием. Такое расположение в какой–то степени обосновано, но разрывает d–блок на две части.

Можно полагать, что проскок электронов у лантана и актиния является, по сути, исключением из правила, и это исключение позволяет считать их d–элементами. При этом скандий и иттрий не относятся к исключениям и должны занимать свое место в неразрывном d–блоке, поэтому первый вариант предпочтителен.

Д. Зильберштайн, размышляя о месте редкоземельных элементов в периодической системе, предложил свой любопытный вариант

39

длиннопериодной таблицы Менделеева (рис. 24) со скандием и иттрием, помещенным по центру над изогнутым f–блоком, подчеркнув таким образом сходство физико–химических свойств редкоземельных элементов.

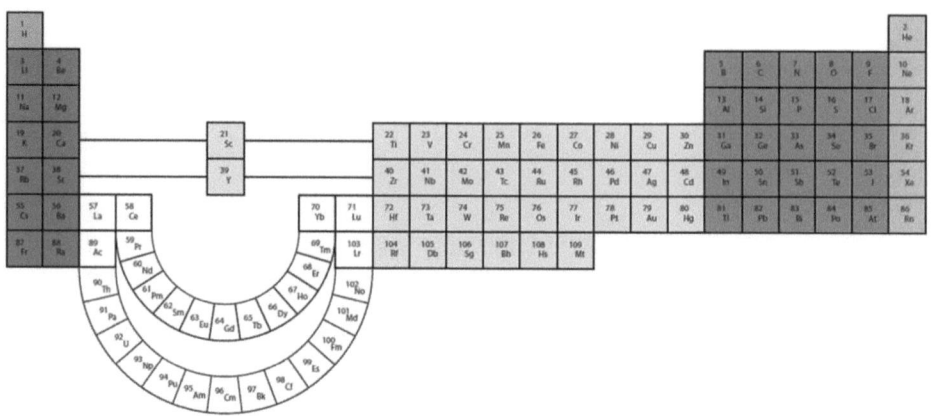

Рис. 24. Длиннопериодная периодическая система Д. Зильберштайна (2009 г.)

Конечна ли таблица Менделеева?

Как указано выше, таблица Менделеева является графическим отображением периодического закона и содержит то число химических элементов, существование которых подтверждено на данный момент. Поэтому, таблица Менделеева сама по себе не может быть конечна, ограничено может быть только число химических элементов, существование которых возможно.

На рис. 25 приведена расширенная периодическая система американского химика и физика–ядерщика Гленна Теодора Сиборга (1969 г.), содержащая g–блок, 50 групп и 9 периодов [9]. Расширенная периодическая система Г. Т. Сиборга не имеет практического применения, но имеет большое значение в развитии понимания строения атома и периодического закона. На рис. 15 пунктиром были выделены подуровни, не заселенные электронами ни в одном из открытых химических элементов, а на рис. 25 можно увидеть, как выглядела бы таблица Менделеева, если бы число открытых элементов было значительно больше, и эти подуровни заселялись бы электронами.

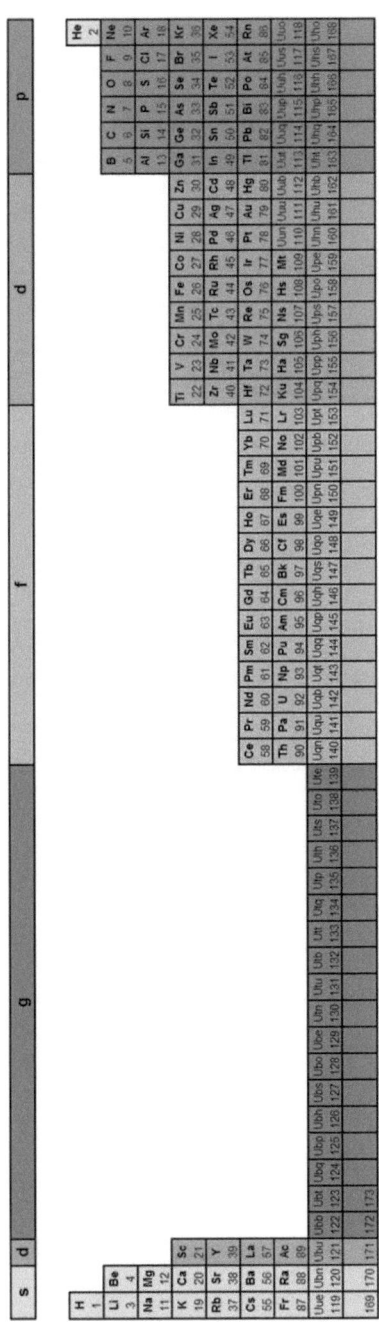

Рис. 25. Расширенная периодическая система Г. Т. Сиборга (1969 г.)

41

На данный момент синтез химических элементов восьмого периода (с порядковым номером более 118) не увенчался успехом, поэтому вопрос о верхнем пределе таблицы Менделеева остается открытым. Известно, что в природе не встречаются химические элементы с порядковым номером, превышающим 94 ($_{94}$Pu, плутоний). Остальные химические элементы могут быть только искусственно созданы в лабораториях.

Проблема существования химических элементов с Z > 94 заключается в спонтанном делении их ядер. С возрастанием порядкового номера период полураспада уменьшается. Предельное значение Z химического элемента, синтез которого еще может быть осуществим, пока неизвестно, но было неоднократно теоретически рассчитано. И если в 50–х годах прошлого века предельным значением Z считалось 110 (сейчас мы знаем, что этот расчет неверен), то в 60–х была выдвинута гипотеза о существовании аномально стабильных химических элементов с Z = 126 и даже 164. Г. Т. Сиборг называл это «островами стабильности» в «море неустойчивости» (рис. 26).

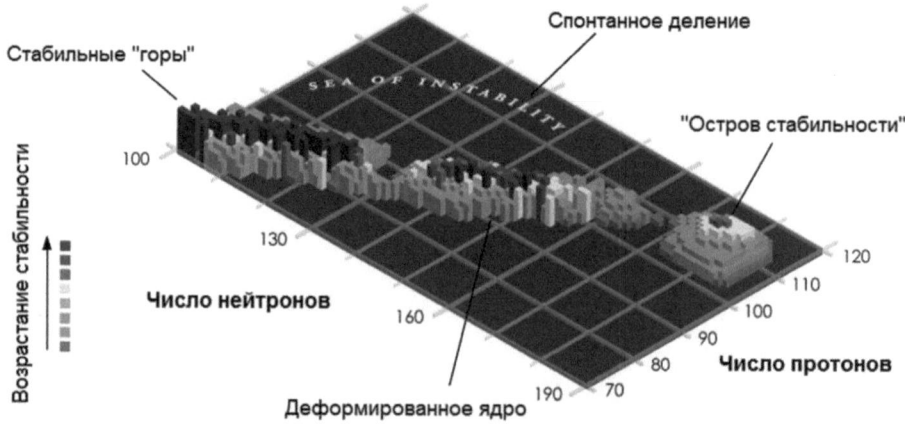

Рис. 26. «Остров стабильности» в «море неустойчивости»

Согласно расчетам выдающегося американского физика Ричарда Филлипса Фейнмана, предельным значением Z окажется 137. Химический элемент с порядковым номером 137 даже неофициально назван в его честь – фейнманиум

($_{137}$Fy) Немецкий физик Вальтер Грайнер триумфально заявляет, что периодической системе не может быть конца.

Как еще может выглядеть периодическая система химических элементов?

Веерная периодическая система Эмиля Змачинского (рис. 27) является, по сути, закругленной длиннопериодной таблицей Менделеева, предложенной еще в 1937 г.

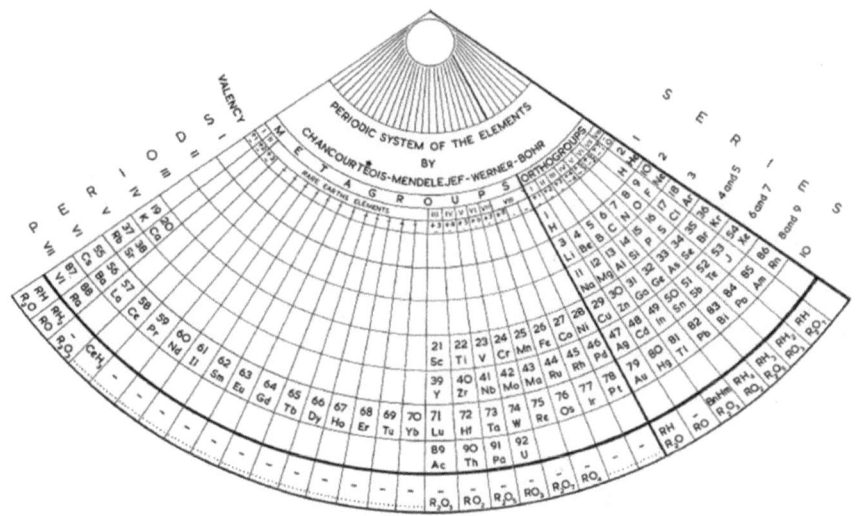

Рис. 27. Веерная периодическая система Э. Змачинского (1937 г.)

Особое место занимают спиральные периодической системы, которые вряд ли могут находить широкое применение в обучении химии, но вызывают особенный интерес в связи с запоминающимся внешним видом. Ниже приведен спиральный вариант периодической системы Джона Кларка (рис. 28) из майского выпуска журнала LIFE, посвященного атому.

Д. Кларк осуждал короткопериодную таблицу Менделеева за исключительно сомнительное место водорода, неподходящее отображение редкоземельных элементов [10]. Кроме того, Д. Кларк считал, что короткопериодная таблица Менделеева недостаточно акцентирует внимание на неразрывности и целостности последовательности химических элементов, без

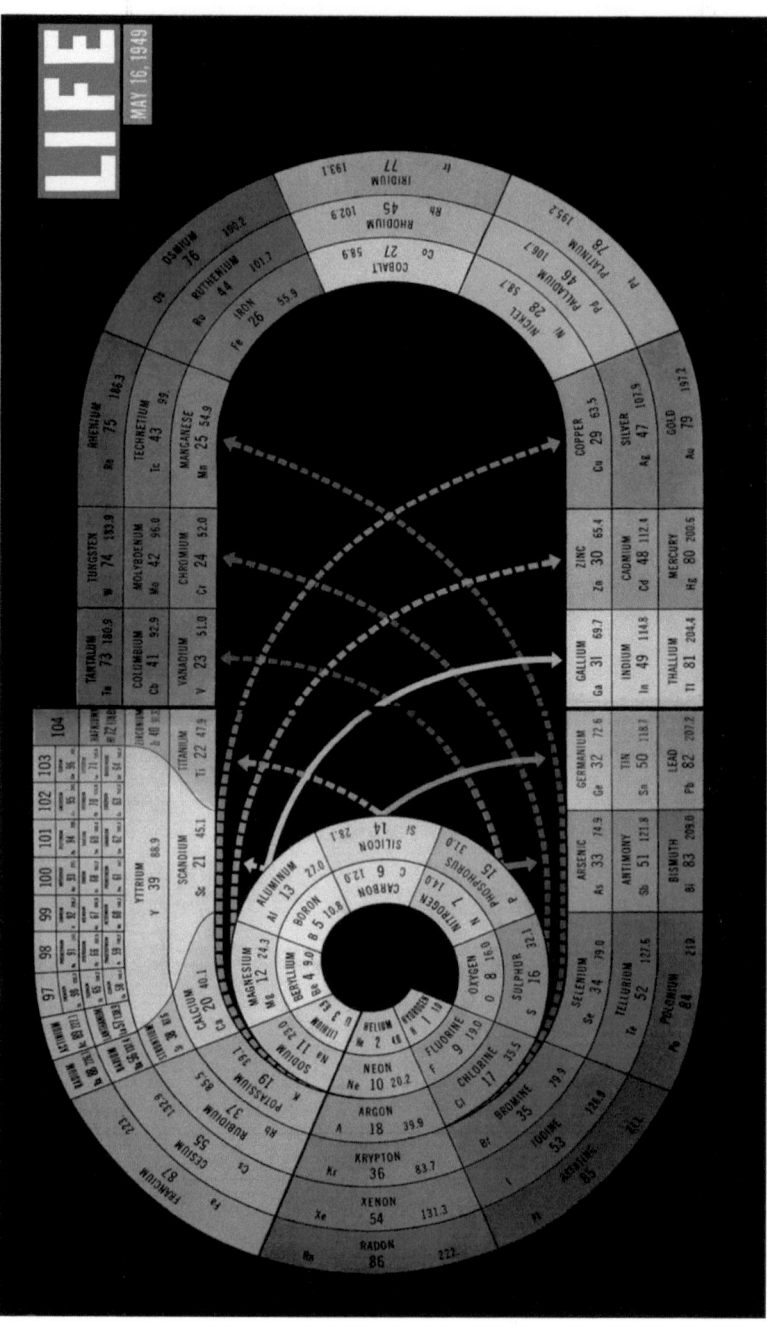

Рис. 28. Спиральная периодическая система Д. Кларка (1949 г.)

достаточных оснований разбивая ее на периоды из 2, 8, 18 и 32 химических элементов. С некоторыми положениями Д. Кларка можно согласиться, но едва ли в его спиральной периодической системе прослеживается связь с электронным строением атомов, и пользоваться ей неудобно. Кроме того, f–элементы в спиральной периодической системе Д. Кларка занимают не слишком удачное место.

Теодор Бенфи в своей спиральной периодической системе творчески подошел к расположению лантанидов и актинидов (рис. 29).

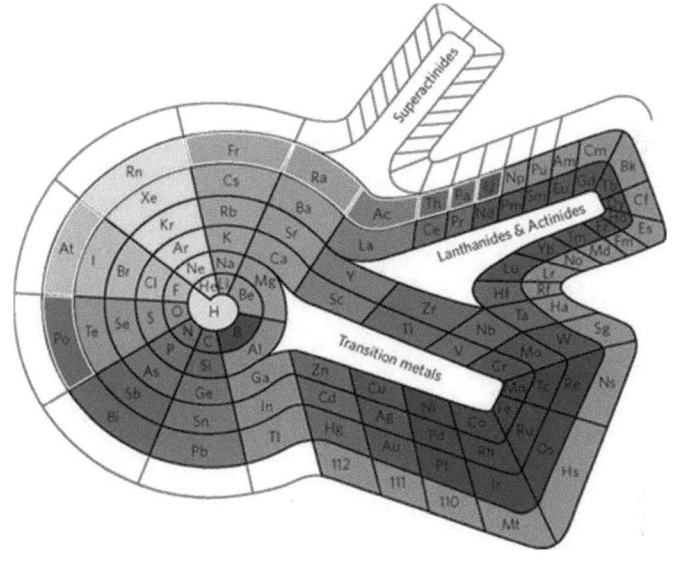

Рис. 29. Спиральная периодическая система Т. Бенфи (1960 г.)

Т. Бенфи предпринял попытку уделить каждому химическому элементу, в особенности это касается редкоземельных элементов, подходящее место. Это привело к образованию так называемых «полуостровов» d–элементов и f–элементов. Стоит отметить, что отдельный «полуостров» Т. Бенфи выделил для гипотетических g–элементов (тех, которые Г. Т. Сиборг выносил в отдельный блок в своей расширенной версии периодической системы химических элементов). Бесспорно, в спиральной периодической системе наблюдается и целостность, и периодичность, но, к сожалению, не связь с ЭКАХЭ.

2.5. Электронные облака

Умение записывать ЭКАХЭ, доведенное до автоматизма, безусловно, необходимо. Однако, записи ЭКАХЭ недостаточно для получения представления о пространственном строении атома. Как же следует представлять себе электронные облака атома?

Четыре вида электронных облаков s, p, d и f приведены на рис. 30 [11].

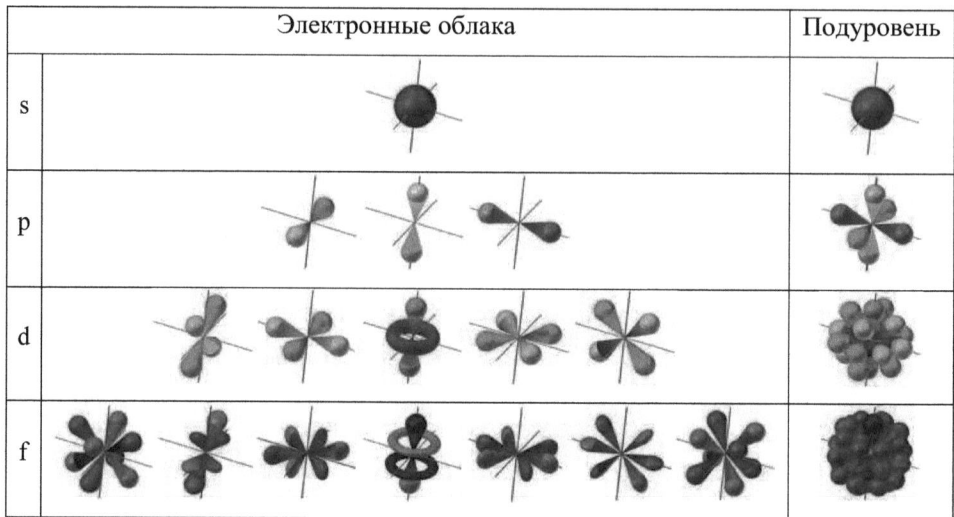

	Электронные облака	Подуровень
s		
p		
d		
f		

Рис. 30. Электронные облака и соответствующие подуровни

Ориентация в пространстве и число s–, p–, d– и f–облаков на подуровне зависит от значений магнитного квантового числа m.

Для s–подуровня ($l = 0$) $m = 0$, поэтому s–подуровень представляет собой одно электронное облако.

Для p–подуровня ($l = 1$) $m = 0$, ± 1, поэтому p–подуровень представляет собой комбинацию из трех электронных облаков.

Для d–подуровня ($l = 2$) $m = 0$, ± 1, ± 2 поэтому d–подуровень представляет собой комбинацию из пяти электронных облаков.

Для f–подуровня ($l = 3$) $m = 0$, ± 1, ± 2, ± 3, поэтому f–подуровень представляет собой комбинацию из семи электронных облаков.

На рис. 30 приведены изображения s–, p–, d– и f–подуровней, образованных соответствующими электронными облаками. Однако, у атомов большинства химических элементов имеется несколько подуровней, и их комбинация будет представлять собой более сложную картину.

Каким образом следует представлять себе взаимное расположение нескольких электронных подуровней в атоме химического элемента?

Рассмотрим атом химического элемента азота, имеющий 3 электронных подуровня ($1s^2 2s^2 2p^3$). На рис. 31 проиллюстрировано их взаимное расположение.

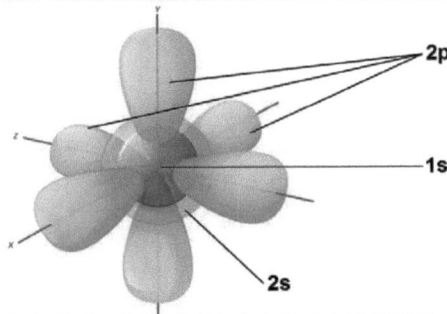

Рис. 31. Взаимное расположение электронных подуровней 1s, 2s и 2p

Геометрический центр ЭО приходится на ядро. Старшее s–ЭО имеет наибольший радиус из s–облаков.

На рис. 31 приведен простой пример, при наличии d– или f–подуровня картина будет трудной для восприятия (рис 32).

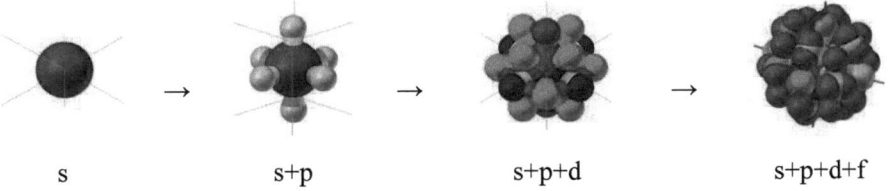

Рис. 32. Комбинация s, p, d и f подуровней на уровне.

3. Периодический закон

Современная формулировка периодического закона выглядит следующим образом: «свойства химических элементов и образуемых ими соединений находятся в периодической зависимости от заряда ядра их атомов». Справедливо утверждать, что свойства химических элементов изменяются периодически с изменением ЭКАХЭ. Рассмотрим основные свойства химических элементов.

3.1. Свойства химических элементов

Радиус атома (орбитальный радиус атома) описывает сферу вокруг ядра, заключающую 90 – 98 % электронной плотности.

Важно понимать, что атом не имеет четких границ, поэтому измерить его абсолютный размер невозможно. Ранее отмечено, что вероятность нахождения электрона в атоме убывает по мере удаления от ядра, то есть с математической точки зрения существует близкая к нулю вероятность нахождения электрона на бесконечном удалении от ядра. В связи с этим и было принято ограничиваться 90 – 98 % электронной плотности. Орбитальный радиус атома рассчитывается теоретически.

Радиус атома значительно зависит от числа электронных уровней. В группах сверху вниз число электронных уровней возрастает, и радиус атома увеличивается:

$_1$H $\quad$ $1s^1$

$_3$Li $\quad$ $1s^2 2s^1$

$_{11}$Na $\quad$ $1s^2 2s^2 2p^6 3s^1$

$_{19}$K $\quad$ $1s^2 2s^2 2p^6 3s^2 3p^6 4s^1$

$_{37}$Rb $\quad$ $1s^2 2s^2 2p^6 3s^2 3p^6 4s^2 3d^{10} 4p^6 5s^1$

$_{55}$Cs $\quad$ $1s^2 2s^2 2p^6 3s^2 3p^6 4s^2 3d^{10} 4p^6 5s^2 4d^{10} 5p^6 6s^1$

$_{87}$Fr $\quad$ $1s^2 2s^2 2p^6 3s^2 3p^6 4s^2 3d^{10} 4p^6 5s^2 4d^{10} 5p^6 6s^2 4f^{14} 5d^{10} 6p^6 7s^1$

В периодах слева направо число электронных уровней не меняется, и радиус атома значительно зависит от заряда ядра:

$_3$Li	$_4$Be	$_5$B	$_6$C	$_7$N	$_8$O	$_9$F	$_{10}$Ne
$2s^1$	$2s^2$	$2s^2 2p^1$	$2s^2 2p^2$	$2s^2 2p^3$	$2s^2 2p^4$	$2s^2 2p^5$	$2s^2 2p^6$

Положительно заряженное ядро притягивает электроны внешнего уровня. С возрастанием заряда ядра (в случае от лития к фтору – в три раза) воздействие на внешние электроны усиливается, и радиус атома уменьшается.

<u>Энергия ионизации</u> – энергия, необходимая для удаления электрона из атома.

Чем легче атом теряет внешний электрон, тем выше энергия ионизации. Энергия ионизации зависит от радиуса атома, заряда ядра и электронной конфигурации. С возрастанием радиуса атома значительно проявляется *эффект экранирования*, заключающийся в ослаблении воздействия положительно заряженного ядра на внешний электрон из–за наличия между ними других электронов (экранирующие электроны подчеркнуты):

$_1$H	$1s^1$
$_3$Li	$\underline{1s^2}2s^1$
$_{11}$Na	$\underline{1s^2 2s^2 2p^6}3s^1$
$_{19}$K	$\underline{1s^2 2s^2 2p^6 3s^2 3p^6}4s^1$
$_{37}$Rb	$\underline{1s^2 2s^2 2p^6 3s^2 3p^6 4s^2 3d^{10} 4p^6}5s^1$
$_{55}$Cs	$\underline{1s^2 2s^2 2p^6 3s^2 3p^6 4s^2 3d^{10} 4p^6 5s^2 4d^{10} 5p^6}6s^1$
$_{87}$Fr	$\underline{1s^2 2s^2 2p^6 3s^2 3p^6 4s^2 3d^{10} 4p^6 5s^2 4d^{10} 5p^6 6s^2 4f^{14} 5d^{10} 6p^6}7s^1$

Таким образом, в группах сверху вниз с возрастанием радиуса атома энергия ионизации уменьшается. В периодах слева направо основное влияние оказывает возрастающий заряд ядра, поэтому энергия ионизации увеличивается.

Наибольшими значениями энергии ионизации обладают атомы химических элементов, имеющие устойчивые наполовину или полностью заполненные подуровни.

<u>Энергия сродства к электрону</u> – энергия, высвобождаемая при присоединении электрона к атому.

Энергия сродства к электрону зависит от радиуса атома, заряда ядра и электронной конфигурации. Чем меньше радиус атома и больше заряд ядра, тем выше энергия сродства к электрону. Кроме того, энергия сродства к электрону тем выше, чем больше ЭКАХЭ элемента приближена к ЭКАХЭ благородного газа текущего периода. Таким образом, в группах сверху вниз энергия сродства к электрону уменьшается, а в периодах слева направо увеличивается.

Наименьшими значениями энергии сродства к электрону обладают атомы химических элементов, имеющие устойчивые наполовину или полностью заполненные подуровни.

<u>Электроотрицательность</u> – свойство атома химического элемента притягивать электроны. Обозначается греческой буквой χ.

Общепризнанными являются значения электроотрицательности по Л. Полингу (рис. 33) [12]. Л. Полинг рассчитал значения электроотрицательности химических элементов относительно фтора, поэтому шкала электроотрицательности по Полингу называется относительной. Свойством, противоположным электроотрицательности, является электроположительность.

<u>Металличность</u> – свойство атома отдавать электрон.

Металличность и электроотрицательность являются взаимообратными свойствами. Чем выше значение электроотрицательности, тем менее выражены металлические свойства атома, и наоборот. Поскольку металличность сама по себе не имеет численных значений, для оценки металлических свойств атомов химических элементов удобно использовать значения электроотрицательности. *Типичными металлами* можно назвать химические элементы, значение электроотрицательности которых не превышает 1.36 ($_{21}$Sc). Наиболее типичными металлами являются франций ($_{87}$Fr) со значением электроотрицательности 0.7 и остальные металлы группы лития. Свойством, противоположным металличности, является *неметалличность*. Наиболее типичным неметаллом является фтор.

Таблица соответствует длиннопериодной форме (32 столбца). В каждой ячейке указаны: массовое число (сверху), символ элемента, порядковый номер (Z) и относительная электроотрицательность по Полингу (χ).

Период	1	2	3	4	5	6	7	8	9	10	11	12	13	14	15	16	17	18	19	20	21	22	23	24	25	26	27	28	29	30	31	32
1	1 **H** 1 — 2.20	4 **He** 2 — —																														
2	7 **Li** 3 — 0.98	9 **Be** 4 — 1.57																									11 **B** 5 — 2.04	12 **C** 6 — 2.55	14 **N** 7 — 3.04	16 **O** 8 — 3.44	19 **F** 9 — 3.98	20 **Ne** 10 — —
3	23 **Na** 11 — 0.93	24 **Mg** 12 — 1.31																									27 **Al** 13 — 1.61	28 **Si** 14 — 1.90	31 **P** 15 — 2.19	32 **S** 16 — 2.58	35.5 **Cl** 17 — 3.16	40 **Ar** 18 — —
4	39 **K** 19 — 0.82	40 **Ca** 20 — 1.00															45 **Sc** 21 — 1.36	48 **Ti** 22 — 1.54	51 **V** 23 — 1.63	52 **Cr** 24 — 1.66	55 **Mn** 25 — 1.55	56 **Fe** 26 — 1.83	59 **Co** 27 — 1.88	59 **Ni** 28 — 1.91	64 **Cu** 29 — 1.90	65 **Zn** 30 — 1.65	70 **Ga** 31 — 1.81	73 **Ge** 32 — 2.01	75 **As** 33 — 2.18	79 **Se** 34 — 2.55	80 **Br** 35 — 2.96	84 **Kr** 36 — —
5	85.5 **Rb** 37 — 0.82	88 **Sr** 38 — 0.95															89 **Y** 39 — 1.22	91 **Zr** 40 — 1.33	93 **Nb** 41 — 1.6	96 **Mo** 42 — 2.16	98 **Tc** 43 — 2.10	101 **Ru** 44 — 2.2	103 **Rh** 45 — 2.28	106 **Pd** 46 — 2.20	108 **Ag** 47 — 1.93	112 **Cd** 48 — 1.69	115 **In** 49 — 1.78	119 **Sn** 50 — 1.96	122 **Sb** 51 — 2.05	128 **Te** 52 — 2.1	127 **I** 53 — 2.66	131 **Xe** 54 — 2.60
6	133 **Cs** 55 — 0.79	137 **Ba** 56 — 0.89	139 **La** 57 — 1.10	140 **Ce** 58 — 1.12	141 **Pr** 59 — 1.13	144 **Nd** 60 — 1.14	145 **Pm** 61 — —	150 **Sm** 62 — 1.17	152 **Eu** 63 — —	157 **Gd** 64 — 1.20	159 **Tb** 65 — —	162.5 **Dy** 66 — 1.22	165 **Ho** 67 — 1.23	167 **Er** 68 — 1.24	169 **Tm** 69 — 1.25	173 **Yb** 70 — —	175 **Lu** 71 — 1.0	178.5 **Hf** 72 — 1.3	181 **Ta** 73 — 1.5	184 **W** 74 — 1.7	186 **Re** 75 — 1.9	190 **Os** 76 — 2.2	192 **Ir** 77 — 2.2	195 **Pt** 78 — 2.2	197 **Au** 79 — 2.4	201 **Hg** 80 — 1.9	204 **Tl** 81 — 1.8	207 **Pb** 82 — 1.8	209 **Bi** 83 — 1.9	209 **Po** 84 — 2.0	210 **At** 85 — 2.2	222 **Rn** 86 — —
7	223 **Fr** 87 — 0.7	226 **Ra** 88 — 0.9	227 **Ac** 89 — 1.1	232 **Th** 90 — 1.3	231 **Pa** 91 — 1.5	238 **U** 92 — 1.7	237 **Np** 93 — 1.3	244 **Pu** 94 — 1.3	**Am** 95	**Cm** 96	**Bk** 97	**Cf** 98	**Es** 99	**Fm** 100	**Md** 101	**No** 102	**Lr** 103	**Rf** 104	**Db** 105	**Sg** 106	**Bh** 107	**Hs** 108	**Mt** 109	**Ds** 110	**Rg** 111	**Cn** 112		**Fl** 114		**Lv** 116		

Рис. 33. Значения относительной электроотрицательности атомов химических элементов по Л. Полингу

52

3.2. Периодичность изменения свойств химических элементов

Следствия из периодического закона гласят, что *в группах снизу вверх* и *в периодах слева направо* радиус атома уменьшается, энергия ионизации и энергия сродства к электрону возрастают, электроотрицательность увеличивается, металличность ослабевает (рис. 34).

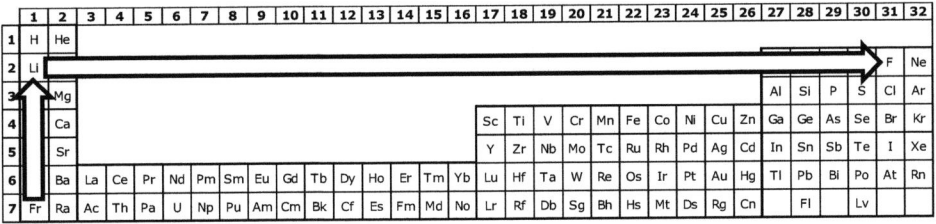

Рис. 34. Следствия из периодического закона

Как изменяются свойства химических элементов по таблице Менделеева?

Используя правило сложения векторов, сформулируем характер изменения свойств химических элементов следующим образом (рис. 35):

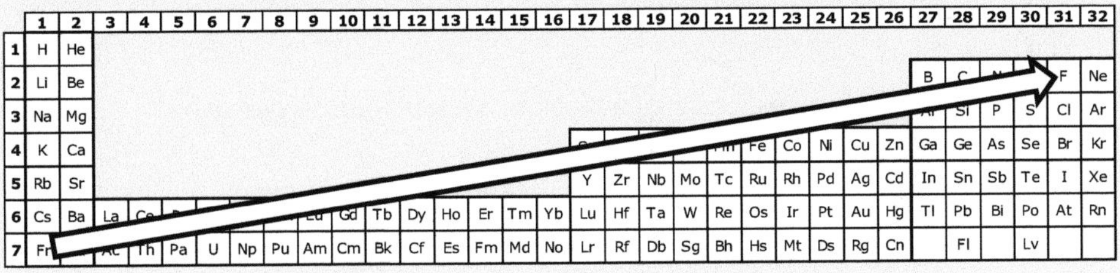

Рис. 35. Следствие из периодического закона

В таблице Менделеева по диагонали снизу вверх

1) Уменьшается радиус атома;

2) Возрастает энергия ионизации;

3) Возрастает энергия сродства к электрону;

4) Увеличивается электроотрицательность;

5) Ослабевает металличность.

Каковы особенности изменения свойств элементов в периодах?

В действительности, периодичность изменения свойств химических элементов имеет более сложный характер. На рис. 36 приведена линейная зависимость электроотрицательности атомов химических элементов второго периода от их порядкового номера.

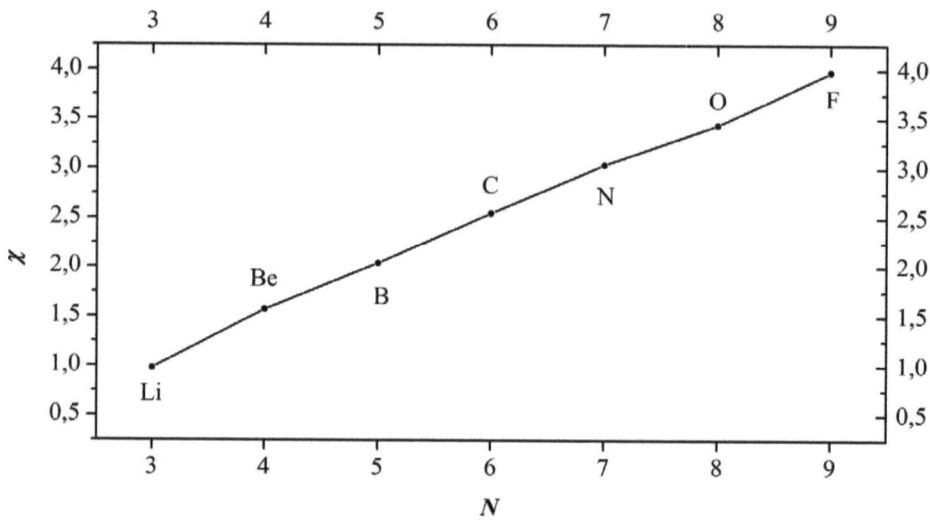

Рис. 36. Зависимость χ химических элементов 2 периода от N

С появлением в четвертом периоде d–элементов зависимость электроотрицательности и других свойств химических элементов перестает быть линейной (рис. 37). Образование устойчивых конфигураций s^2d^5 (наполовину заполненный подуровень) у марганца ($_{25}Mn$) и s^2d^{10} (полностью заполненный подуровень) у цинка ($_{30}Zn$) приводит к провалу в значениях электроотрицательности по сравнению с соседними по группе элементами.

Аналогичной особенностью обладает зависимость электроотрицательности химических элементов пятого периода от их порядкового номера (рис. 38) за счет образования устойчивых конфигураций s^2d^5 у технеция ($_{43}Tc$) и s^2d^{10} у кадмия ($_{48}Cd$).

С появлением в шестом и седьмом периодах f–элементов зависимости свойств от порядкового номера приобретают дополнительные особенности.

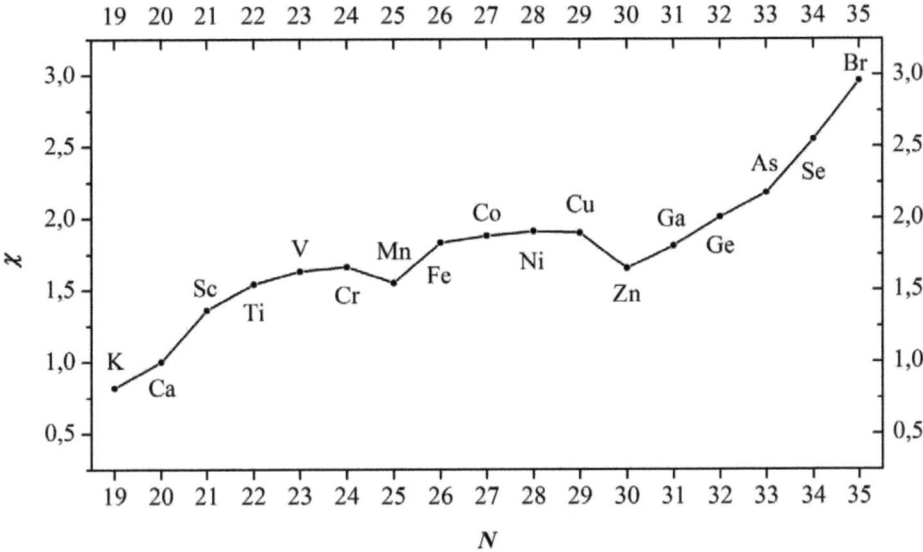

Рис. 37. Зависимость χ химических элементов 4 периода от N

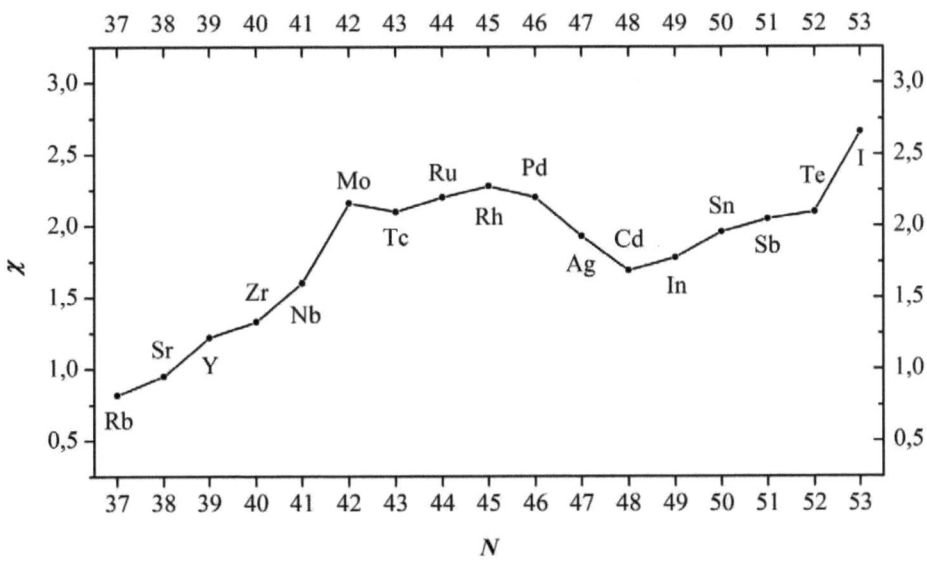

Рис. 38. Зависимость χ химических элементов 5 периода от N

Данное явление получило название *внутренняя периодичность*.

<u>Внутренняя периодичность</u> – немонотонное изменение свойств химических элементов в периодах.

Каковы особенности изменения свойств элементов в группах?

На рис. 39 приведены значения электроотрицательности химических элементов d– и p–блока.

										11 **B** 5 2.04	12 **C** 6 2.55	14 **N** 7 3.04	16 **O** 8 3.44	19 **F** 9 3.98	20 **Ne** 10 -
										27 **Al** 13 1.61	28 **Si** 14 1.90	31 **P** 15 2.19	32 **S** 16 2.58	35.5 **Cl** 17 3.16	40 **Ar** 18 -
45 **Sc** 21 1.36	48 **Ti** 22 1.54	51 **V** 23 1.63	52 **Cr** 24 1.66	55 **Mn** 25 1.55	56 **Fe** 26 1.83	59 **Co** 27 1.88	59 **Ni** 28 1.91	64 **Cu** 29 1.90	65 **Zn** 30 1.65	70 **Ga** 31 1.81	73 **Ge** 32 2.01	75 **As** 33 2.18	79 **Se** 34 2.55	80 **Br** 35 2.96	84 **Kr** 36 -
89 **Y** 39 1.22	91 **Zr** 40 1.33	93 **Nb** 41 1.6	96 **Mo** 42 2.16	98 **Tc** 43 2.10	103 **Ru** 44 2.2	106 **Rh** 45 2.28	108 **Pd** 46 2.20	112 **Ag** 47 1.93	115 **Cd** 48 1.69	115 **In** 49 1.78	119 **Sn** 50 1.96	122 **Sb** 51 2.05	128 **Te** 52 2.1	127 **I** 53 2.66	131 **Xe** 54 2.60
175 **Lu** 71 1.0	178.5 **Hf** 72 1.3	181 **Ta** 73 1.5	184 **W** 74 1.7	186 **Re** 75 1.9	190 **Os** 76 2.2	192 **Ir** 77 2.2	195 **Pt** 78 2.2	197 **Au** 79 2.4	201 **Hg** 80 1.9	204 **Tl** 81 1.8	207 **Pb** 82 1.8	209 **Bi** 83 1.9	209 **Po** 84 2.0	210 **At** 85 2.2	222 **Rn** 86 -

Рис. 39. Значения электроотрицательности элементов d– и p–блока

Ранее говорилось о том, что в группах снизу вверх электроотрицательность увеличивается. Тем не менее, кремний ($_{14}$Si) обладает меньшим значением электроотрицательности, чем германий ($_{32}$Ge). Обратимся к полным ЭКАХЭ химических элементов группы углерода:

$_6$C $\quad$ $1s^2 2s^2 2p^2$

$_{14}$Si $\quad$ $1s^2 2s^2 2p^6 3s^2 3p^2$

$_{32}$Ge $\quad$ $1s^2 2s^2 2p^6 3s^2 3p^6 4s^2 \underline{3d^{10}} 4p^2$

$_{50}$Sn $\quad$ $1s^2 2s^2 2p^6 3s^2 3p^6 4s^2 \underline{3d^{10}} 4p^6 5s^2 \underline{4d^{10}} 5p^2$

$_{82}$Pb $\quad$ $1s^2 2s^2 2p^6 3s^2 3p^6 4s^2 \underline{3d^{10}} 4p^6 5s^2 \underline{4d^{10}} 5p^6 6s^2 4f^{14} \underline{5d^{10}} 6p^2$

Особенность электронного строения германия по сравнению с кремнием заключается в том, что в группе углерода германий является первым химическим элементом, имеющим d–подуровень. У олова ($_{50}$Sn) и свинца ($_{82}$Pb) имеется по несколько d–подуровней (все d–подуровни в записях ЭКАХЭ подчеркнуты).

Каждое электронное облако (s, p, d, f и т.д.) обладает своей симметрией, определяемой значением орбитального квантового числа l (рис. 30). Под симметрией электронного облака понимается пространственное распределение его электронной плотности. Поскольку с возрастанием значения главного квантового числа n увеличивается число значений орбитального квантового числа l, каждый электронный уровень содержит подуровень с новой симметрией, не встречавшейся ранее (рис. 40).

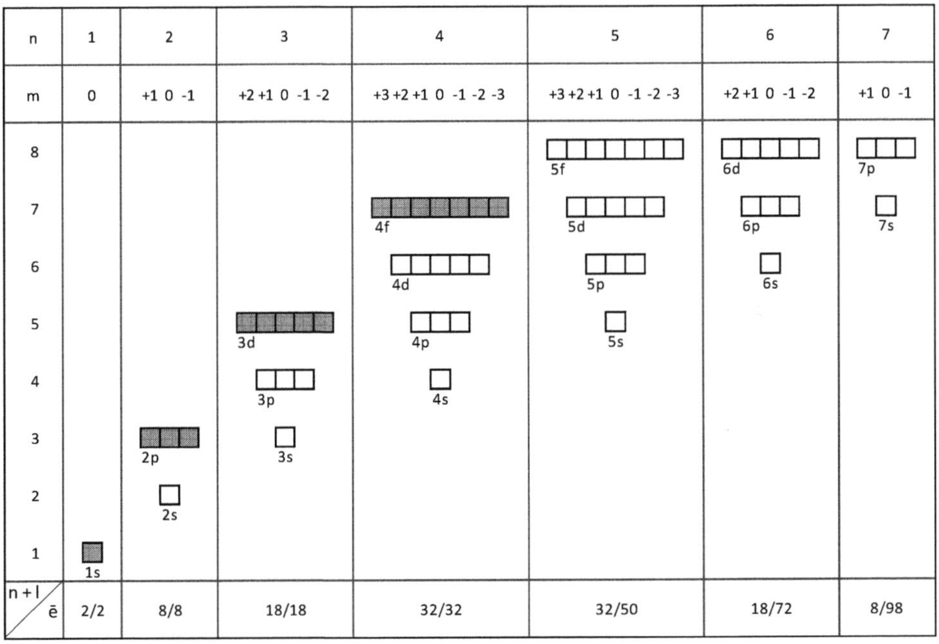

n	1	2	3	4	5	6	7
m	0	+1 0 -1	+2 +1 0 -1 -2	+3 +2 +1 0 -1 -2 -3	+3 +2 +1 0 -1 -2 -3	+2 +1 0 -1 -2	+1 0 -1
8				5f	6d	7p	
7				4f	5d	6p	7s
6				4d	5p	6s	
5			3d	4p	5s		
4			3p	4s			
3		2p	3s				
2		2s					
1	1s						
n+l / ē	2/2	8/8	18/18	32/32	32/50	18/72	8/98

Рис. 40. Кайносимметричные энергетические подуровни атома

Электронное облака с s–симметрией впервые встречается на первом уровне, тогда как для второго, третьего, четвертого и т.д. уровней его симметрия не является новой. Электронные облака с p–симметрией впервые встречаются на втором уровне, с d–симметрией – на третьем, с f–симметрией – на четвертом. Такие облака называют *кайносимметричными.*

Кайносимметрия – явление, при котором электронные облака с новой симметрией встречаются в атоме впервые.

Итак, кайносимметричными называют электронные облака 1s, 2p, 3d, 4f, 5g, 6h и т.д.

Вернемся к химическим элементам группы углерода. У германия, в отличие от кремния, проявляется кайносимметрия. Особенность кайносимметричных элементов заключается в том, что подуровни, образованные кайносимметричными электронными облаками, практически не вносят вклад в экранирование внешних электронов от ядра за счет нового расположения в пространстве. Эффект экранирования проявляется значительно в том случае, когда не менее двух подуровней, образованных электронными облаками с аналогичной симметрией, ослабляют воздействие положительно заряженного ядра на внешний электрон.

Подуровень 3d практически не экранирует внешние электроны от ядра, при этом заряд ядра увеличивается на +10, и внешние электроны оказываются довольно сильно связанными, поэтому электроотрицательность германия высока. Это объяснение подтверждается тем, что электроотрицательность олова уступает электроотрицательности германия по причине того, что два d–подуровня олова уже гораздо значительнее экранируют его внешние электроны, и они слабее связаны с ядром.

Данное явление получило название *вторичная периодичность.*

Вторичная периодичность – немонотонное изменение свойств химических элементов в группах.

Явление кайносимметрии позволяет описать многие особенности изменения свойств химических элементов. Лантаниды являются первыми из химических элементов, в атомах которых присутствуют кайносимметричные f–облака. Кайносимметричный 4f–подуровень практически не вносит вклад в экранирование внешних 6s–электронов, при этом заряд ядра увеличивается на +14, что приводит к *лантанидному сжатию*.

Лантанидное сжатие – явление уменьшения радиусов атомов лантанидов от церия ($_{58}$Ce) к лютецию ($_{71}$Lu), вследствие которого радиусы атомов следующих за ними 5d–элементов, начиная с гафния ($_{72}$Hf), практически не отличаются от радиусов атомов соответствующих 4d–элементов, начиная с циркония ($_{40}$Zr).

На рис. 41 приведены значения орбитального радиуса атомов лантанидов и d–элементов, выраженные в ангстремах [13]. Орбитальный радиус атомов лантанидов уменьшается от 2.5 Å (церий) до 2.17 Å (лютеций), из–за чего гафний и цирконий имеют идентичные орбитальные радиусы атомов (2.06 Å).

45	48	51	52	55	56	59	59	64	65
Sc	**Ti**	**V**	**Cr**	**Mn**	**Fe**	**Co**	**Ni**	**Cu**	**Zn**
21	22	23	24	25	26	27	28	29	30
1.84	1.76	1.71	1.66	1.61	1.56	1.52	1.49	1.45	1.42
89	91	93	96	98	101	103	106	108	112
Y	**Zr**	**Nb**	**Mo**	**Tc**	**Ru**	**Rh**	**Pd**	**Ag**	**Cd**
39	40	41	42	43	44	45	46	47	48
2.12	2.06	1.98	1.90	1.83	1.78	1.73	1.69	1.65	1.61

140	141	144	145	150	152	157	159	162.5	165	167	169	173	175	178.5	181	184	186	190	192	195	197	201
Ce	**Pr**	**Nd**	**Pm**	**Sm**	**Eu**	**Gd**	**Tb**	**Dy**	**Ho**	**Er**	**Tm**	**Yb**	**Lu**	**Hf**	**Ta**	**W**	**Re**	**Os**	**Ir**	**Pt**	**Au**	**Hg**
58	59	60	61	62	63	64	65	66	67	68	69	70	71	72	73	74	75	76	77	78	79	80
2.5	2.47	2.06	2.05	2.38	2.31	2.33	2.25	2.28	2.26	2.26	2.22	2.22	2.17	2.06	2.00	1.93	1.88	1.85	1.80	1.77	1.74	1.71

Рис. 41. Значения орбитального радиуса атомов лантанидов и d–элементов (Å)

Лантанидное сжатие является причиной вторичной периодичности в группах d–элементов. Лантанидное сжатие является разновидностью *f–сжатия*, поскольку в ряду актинидов также проявляется уменьшение радиусов атомов. Явление уменьшения радиусов атомов 3d–элементов от скандия ($_{21}$Sc) к цинку ($_{30}$Zn) по аналогии называют *d–сжатием* (рис. 41).

Длиннопериодная таблица Менделеева позволяет не только наглядно проследить изменение по периодам и группам основных свойств химических элементов и объяснить взаимосвязь между ними, но и сравнительно легко разобраться в явлениях внутренней и вторичной периодичности и кайносимметрии.

Заключение

Длинопериодная таблица Менделеева не является ни новой, ни оригинальной, напротив, не существует более простого и естественного отображения периодического закона. В научном сообществе мало кто отрицает, что длинопериодная таблица Менделеева является наиболее корректным отображением периодического закона. К сожалению, длиннопериодная таблица не только не используется, но и порицается за свою продолговатую геометрию. Однако длиннопериодная таблица прекрасно помещается на форзац учебника и, в отличие от короткопериодной, может быть повешена над классной доской.

Р. С. Сайфуллин и А. Р. Сайфуллин в своей изобличительной статье «Новая таблица Менделеева» отмечают, что в основе анахронической привязанности к короткопериодной таблице лежат следующие причины: кажущаяся рациональной компактность короткой формы таблицы; инерция, стереотипность мышления, невосприятие современной (международной) информации; приверженность к методически устоявшимся понятиям; дань уважения истории науки (в ущерб научной и методической целесообразности). Едва ли можно оспорить наглядность длиннопериодной таблицы и удобство ее использования. Написание электронных конфигураций атомов химических элементов при использовании длиннопериодной таблицы становится тривиальным, а знание электронных конфигураций незаменимо, например, в описании химической связи и окислительно–восстановительных свойств веществ.

История химии является интереснейшей наукой, но необходимо разделять историю химии и саму химию. Я надеюсь, настанет время, когда длиннопериодная таблица Менделеева займет свое место в учебниках и учебных аудиториях.

Библиография

1. Соловьев Ю. И. История химии: Развитие химии с древнейших времен до конца XIX в. Пособие для учителей. – 2–е изд., перераб. – М.: Просвещение, 1983. – 368 с., ил.

2. International Union of Pure and Applied Chemistry (IUPAC) Project 2007-038-3-200, "Development of an Isotopic periodic table for the educational community" / June 20, 2012.

3. The Elements According to Relative Abundance / A Periodic Chart by Prof. Wm. F. Sheehan, University of Santa Clara. CA 95053. Ref. Chemistry. Vol. 49.No.3. p. 17-18, 1976.

4. Р. С. Сайфуллин, А. Р. Сайфуллин Новая таблица Менделеева / Химия и жизнь, 2003, № 12, стр. 14–17. – М.: Высш. шк., 1994. – 608 с.: ил.

5. Types of graphic classifications of the elements. II. Long charts. G. N. Quam and Mary Battell Quam / J. Chem. Educ., 1934, 11 (4), p 217.

6. J. W. van Spronsen. The Periodic System of Chemical Elements: A History of the First Hundred Years / Published by Amsterdam, etc.: Elsevier, 1969. (1969).

7. Князев Д. А. Неорганическая химия : учеб. Для вузов / Д. А. Князев, С. Н. Смарыгин. – 3–е изд., испр. – М.: Дрофа, 2005. – 591, [1] с. : ил.

8. Mendeleev's Periodic Table Is Finally Completed and What To Do about Group 3? Eric Scerri / Chemistry International, Vol. 34, No., 4 July-August 2012.

9. William H. Nebergall, Frederic C. Schmidt, Henry F. Holtzclaw,Jr.; GENERAL CHEMISTRY, fourth edition, pp. 668-670, D.C. Heath and Company, Massachusetts, 1972.

10. A new periodic chart. John D. Clark / J. Chem. Educ., 1933, 10 (11), p 675.

11. Parsing the spdf electron orbital model by Joel M Williams, 2014.

12. David R. Lide, ed., CRC Handbook of Chemistry and Physics, 90th Edition (CD-ROM Version 2010), CRC Press/Taylor and Francis, Boca Raton, FL.

13. Atomic Screening Constants from SCF Functions. II. Atoms with 37 to 86 Electrons. E. Clementi1, D. L. Raimondi and W. P. Reinhardt / J. Chem. Phys. 47, 1300 (1967).